GAOXIAO JIANKANG

YANGROUNIU

QUANCHENG SHICAO TUJIE

养殖致富攻略

高效健康

养肉牛

全程实操图解

左福元　主编

中国农业出版社

图书在版编目（CIP）数据

高效健康养肉牛全程实操图解/左福元主编．—北
京：中国农业出版社，2018.7（2020.3 重印）
　　（养殖致富攻略）
　　ISBN 978-7-109-23641-7

　　Ⅰ．①高…　Ⅱ．①左…　Ⅲ．①肉牛－饲养管理－图解
Ⅳ．①S823.9-64

中国版本图书馆 CIP 数据核字（2017）第 300008 号

中国农业出版社出版
（北京市朝阳区麦子店街 18 号楼）
（邮政编码 100125）
责任编辑　张艳晶

北京万友印刷有限公司印刷　　新华书店北京发行所发行
2018 年 7 月第 1 版　　2020 年 3 月北京第 2 次印刷

开本：720mm×960mm 1/16　　印张：21.5
字数：340 千字
定价：45.00 元
（凡本版图书出现印刷、装订错误，请向出版社发行部调换）

编写委员会

主　编：左福元

副主编：王　玲　黄文明

编　者：（按姓氏笔画排序）

王　玲（西南大学动物科学学院）

左福元（西南大学动物科学学院）

龙　翔（西南大学动物科学学院）

朱曲波（西南大学动物科学学院）

朱海生（西南大学动物科学学院）

李前勇（西南大学动物科学学院）

汪水平（西南大学动物科学学院）

张龚炜（西南大学动物科学学院）

黄文明（西南大学动物科学学院）

曾　兵（西南大学动物科学学院）

曾子建（西南大学动物科学学院）

前　言

从 20 世纪 90 年代以来，我国肉牛产业得到快速发展，养牛的生产方式实现了从役用向肉用的根本性转变，肉牛的生产水平逐年提高。2016 年，全国牛存栏 10 667.9 万头、出栏 5 110 万头、牛肉产量 716.8 万吨，分别是 1990 年的 1.04 倍、4.70 倍和 5.71 倍。肉牛出栏率从 1990 年的 10.8%提高到 2016 年的 48%，肉牛出栏体重也不断提高；中国已成为世界第三牛肉生产大国，肉牛产业已成为农民脱贫致富奔小康的主要产业。

经过近 30 年的发展，我国各地出现了大量肉牛养殖专业合作社和家庭农场，建立了不同规模的标准化肉牛场，肉牛产业已形成西北、中原、东北、西南四大产业带，其肉牛存栏量、出栏屠宰量和牛肉产量约占全国的 90%。尽管中国是牛肉生产大国，但肉牛生产水平与发达国家有较大差距，表现为优质种源不足、个体生产水平低、饲料报酬低、草畜不配套、粪污资源化利用程度低、安全高效的矛盾突出。目前，我国肉牛产业正处于转型升级、提质增效的关键时期，提高肉牛的生产水平对促进肉牛产业的持续健康发展具有重要意义。

我们根据多年从事肉牛生产教学、科研和技术推广的实践经验，吸纳了近20年来肉牛的科研成果，同时借鉴了国内外肉牛生产技术，编写了本书。本书对肉牛生产现状及相关政策与标准，肉牛品种与改良，肉牛场建设、设施设备与环境控制，肉牛饲用牧草生产与草畜配套，肉牛消化生理及饲料配制，肉牛繁殖技术，母牛—犊牛生产体系，架子牛生产技术，肉牛育肥与高档牛肉生产，牛场疫病综合防控，肉牛场经营管理，以及牛场废弃物无害化处理与资源化利用等内容进行了详细的介绍。全书内容丰富、重点突出、贴近生产、图文并茂，便于读者掌握相关技术，可供规模化肉牛场、养牛专业户及基层畜牧生产管理人员参考。

由于编者水平有限，书中错误和疏漏之处在所难免，恳请专家、读者批评指正。

编　者
2018 年 1 月

目 录

一、肉牛生产现状及相关政策与标准

内容要素
- 肉牛生产现状
- 牛肉供求现状
- 肉牛产业政策
- 肉牛产业标准

1. 肉牛生产现状

当前，我国肉牛产业正处于转型升级发展阶段，肉牛良种化、养殖设施化、生产规范化、防疫制度化、粪污无害化进程明显加快。标准化规模肉牛育肥企业不断出现，"小群体、大规模"农户养殖仍是母牛养殖的主体，母牛和架子牛牛源紧缺态势尚未得到明显缓解；工商业资本向肉牛产业加速渗透；国家对牛肉进口政策不断放开；受低价进口和走私牛肉、高饲料成本、高人力成本和高价架子牛的多重挤压，肉牛养殖企业获利难度增大，通过科技创新、现代金融等协同发展构筑我国新型肉牛产业体系进入重要时期。

▶ 肉牛出栏量和牛肉产量

进入 21 世纪之后，我国的牛出栏量和牛肉产量都在逐年增加，到 2015 年，牛出栏量①达到了 5 003 万头，牛肉产量达到 700 万吨（表 1-1）。国家肉牛牦牛产业技术体系对不同品种肉牛的测算数据表明，2016 年我国的肉牛出栏量约 2 100 万头，杂交牛胴体重平均约为 328

①包括杂交牛、黄牛、牦牛、水牛等所有肉用牛。

1 ◀

千克/头，中大体型黄牛胴体重平均为 250.0 千克/头，南方小黄牛胴体重平均为 184 千克/头，全国肉牛的平均胴体重为 254 千克/头。

表 1-1　2000—2015 年中国牛出栏量和牛肉产量

年份	2000	2005	2010	2015
牛出栏量（万头）	3 806.9	4 148.7	4 716.8	5 003.4
牛肉产量（万吨）	513.1	568.1	653.1	700.1

数据来源：中华人民共和国国家统计局。

2016 年全球出栏牛 2.9 亿头，中国出栏量排在印度（6 700 万头）之后，居第二位；全球牛肉产量 6 047 万吨，中国牛肉产量排在美国（1 150 万吨）和巴西（928 万吨）之后，居第三位；全球肉牛平均胴体重为 209 千克/头（数据来源于 USDA）。

就各地区的肉牛存栏量和牛肉产量而言，除河南省外的中原产区明显下降，东北产区基本稳定，西部和南部产区增势明显（表 1-2）。西部和西南部产区的后发优

表 1-2　2015 年中国肉牛存栏量和牛肉产量前 10 位的省（自治区）

肉牛存栏量			牛肉产量		
名次	地区	数量（万头）	名次	地区	数量（万吨）
1	云南	688.2	1	河南	82.6
2	河南	650.4	2	山东	67.2
3	四川	561.8	3	河北	53.2
4	西藏	471.3	4	内蒙古	52.9
5	青海	429.6	5	吉林	46.6
6	内蒙古	423.2	6	黑龙江	41.6
7	吉林	420.8	7	新疆	40.4
8	甘肃	420.1	8	辽宁	40.3
9	湖南	358.1	9	四川	35.4
10	贵州	349.6	10	云南	34.3

数据来源：中华人民共和国国家统计局。

势明显，已成为我国重要的商品牛生产基地。肉牛存栏量前十名的省（自治区）中，来自这两个区域的有 6 个省（自治区）；牛肉产量前十名的省（自治区）中，来自这两个区域的有 3 个省（自治区）。

能繁母牛存栏量

在国内牛肉价格居高不下、母牛养殖效益低下、城镇化速度加快（农村劳动力流失）等背景条件下，我国养牛业出现了普遍的"弑母杀青"现象，能繁母牛数量快速下降。据统计，2008—2012 年，中国能繁母牛存栏量从 3 300 万头减至 2 300 万头，4 年间大幅减少 1 000 万头。这导致目前我国的架子牛价格偏高，但母牛存栏量仍在持续降低。我国西部和南部两产区能繁母牛数量稳中有升，中原肉牛产区能繁母牛数量减少明显。

在我国经济形势好转和国家扶贫政策以及地方龙头企业的带动下，国家和一些地方政府明显加大了对地区肉牛产业、特别是对快速扩充能繁母牛数量的扶持力度。"小群体、大规模"仍是我国目前大部分地区能繁母牛养殖的主体，而且也符合我国的基本国情，特别适合我国南方丘陵地区。当前，虽然有相当数量的规模牧场和家庭牧场养殖母牛，但由于母牛引种困难、养殖效益低和繁殖周期长等问题，大量散养户退出养牛行业导致的能繁母牛存栏量不足和架子牛价格高的问题仍将长期存在。

肉牛养殖规模

我国肉牛饲养方式不同于美国、澳大利亚等发达国家的规模饲养或放牧饲养方式，而是以广大养殖户分散饲养为主。近 10 年，在散户饲养肉牛的比较经济效益较低的前提下，在国家标准化、规模化饲养等扶持政策的引导下，我国正逐渐从千家万户的散养方式向规模化标准饲养方式过渡，但散户养殖肉牛仍将在相当长的一段时期内成为我国肉牛养殖的主要模式。来自年出栏为 50 头以上的规模养殖企业的肉牛占全部出栏总数的比重从 2007 年的 15.9% 增长到 2015 年的 28.5%（图 1-1），2015 年年出栏 1 ~ 9 头的占比为 53.4%，年出栏在 1 000 头以上的占比只有 3.5%。

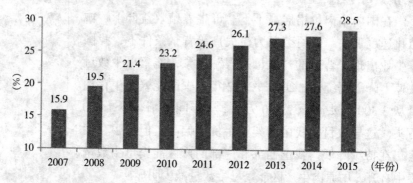

图 1-1　年出栏肉牛为 50 头以上的规模养殖数量占全部出栏总数的比重

▶▶ 牛肉进出口概况

我国在 2000 年还属于牛肉出口国，当年的净出口量为 1.1 万吨。近年来，随着人口持续增长、二孩政策的实施和人均收入的提高，国内的牛肉产量已不能满足市场需求，而且缺口越来越大。我国从 2009 年开始牛肉进口量高于出口量，当年的净进口量为 0.11 万吨，从牛肉净出口国转变为净进口国；到 2016 年，我国进口牛肉 58 万吨（冻牛肉占 99%），出口量只有 0.4 万吨（图 1-2）。

我国进口的牛肉主要来源于：澳大利亚、乌拉圭、新西兰、巴西、阿根廷、加拿大、哥斯达黎加、智利、匈牙利、蒙古国、美国等国家。我国牛肉主要出口到：吉尔吉斯斯坦、中国香港、朝鲜、马来西亚、科威特、约旦、巴勒斯坦、俄罗斯、中国澳门、以色列、巴哈马等国家和地区。

2016 年，全球牛肉进口量为 771 万吨。美国、中国和日本的进口量排在前三位，分别为 137 万吨、81 万吨、72 万吨（数据来源于 USDA）。

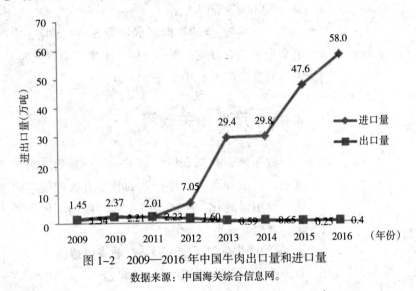

图 1-2　2009—2016 年中国牛肉出口量和进口量

数据来源：中国海关综合信息网。

▶ 牛肉消费概况

我国是牛肉消费大国，2000 年后我国的牛肉消费总量和人均消费量（图 1-3）都在持续增加，但人均消费量一直偏低。改革开放前，我国人均年牛肉消费仅有 0.5 千克左右，2000 年为 4.0 千克，2014 年达到 5.3 千克，而

图 1-3　2000—2014 年中国人均年牛肉消费量

此时的世界人均年牛肉消费量已接近 10 千克。阿根廷、美国和巴西的人均年牛肉消费量已分别达到了 54 千克、38 千克和 37 千克。

2016 年，全球牛肉消费量为 5 874 万吨，中国牛肉消费量为 776 万吨，居第二位，美国的消费量为 1 168 万吨（数据来源于 USDA）。

2. 肉牛产业相关政策

近年来，我国先后颁布了一系列规划、条例和补贴政策，对引导我国肉牛产业的转型升级和促进肉牛良种化、养殖设施化、生产规范化、防疫制度化、粪污无害化的进程具有重要作用。

▶ 全国肉牛优势区域布局与产业发展规划

◆ 全国肉牛优势区域布局规划

农业部在《全国肉牛、肉羊、奶牛和生猪优势区域布局规划（2008—2015 年）》（农牧发〔2009〕2 号）中，根据我国的资源优势、区位优势和产业优势确定了中原肉牛区、东北肉牛区、西北肉牛区和西南肉牛区为我国的四个优势区域。

【中原肉牛区】是我国肉牛业发展起步较早的一个区域。该区域包括 4 个省的 51 个县，包括山东 14 个县、河南 27 个县、河北 6 个县和安徽 4 个县。

该区域具有丰富的地方良种肉牛资源。我国五大肉牛地方良种[①]中，南阳牛、鲁西牛均起源于这一地区；农副产品资源丰富，为肉牛业的发展奠定了良好的饲料资源基础；目标定位为"京津冀""长三角"和"环渤海"经济圈提供优质牛肉的最大生产基地。

该区域未来发展要结合当地资源和基础条件，加快品种改良和基地建设，大力发展规模化、标准化、集约

①秦川牛、晋南牛、南阳牛、鲁西牛、延边牛被称为我国五大良种黄牛。

化的现代肉牛养殖，加强产品质量和安全监管，提高肉牛品质和养殖效益；大力发展肉牛屠宰加工业，着力培育和壮大龙头企业，打造知名品牌。

【东北肉牛区】是我国肉牛业发展较早、近年来成长较快的一个优势区域，包括5个省（自治区）的60个县，包括吉林16个县、黑龙江17个县、辽宁15个县、内蒙古7个县（旗）和河北北部5个县。

该区域具有丰富的饲料资源，饲料原料价格低于全国平均水平；肉牛生产效率较高，平均胴体重高于其他地区。区域内肉牛良种资源较多，拥有五大黄牛品种之一的延边牛，以及蒙古牛、三河牛和草原红牛等地方良种，育成了著名的"中国西门塔尔牛"。该区域紧邻俄罗斯、韩国和日本等世界主要牛肉进口国，发展优质牛肉生产具有明显的区位优势。

本区域目标定位为满足北方地区居民牛肉消费需求，提供部分供港活牛，并开拓日本、韩国和俄罗斯等周边国家市场。牧区要重点发展现代集约型草地畜牧业，为农区和农牧交错带提供架子牛。农区要全面推广秸秆青贮技术、规模化标准化育肥技术等，努力提高育肥效率和产品的质量安全水平。进一步培育和壮大龙头企业，逐步形成完整的牛肉生产和加工体系。

【西北肉牛区】是我国最近几年逐步成长起来的一个新型区域，包括4个省区的29个县市，包括新疆维吾尔自治区16个县（师）、甘肃省9个县市、陕西省2个县和宁夏回族自治区2个县。

本区域天然草原和草山草坡面积较大，饲料和农作物秸秆资源比较丰富；拥有新疆褐牛、秦川牛等地方良种，近年来引进了美国褐牛、瑞士褐牛等国外优良肉牛品种，对地方品种进行改良，取得了较好的效果。新疆牛肉对中亚和中东地区具有出口优势，现已开通14个口岸，为发展外向型肉牛业创造了条件。本区域发展肉牛产业的主要制约因素是开展肉牛育肥时间较短，饲养技术以及肉牛屠宰加工等方面的基础相对薄弱。

本区域目标定位为满足西北地区牛肉需求，以清真牛肉生产为主，兼顾向中亚和中东地区出口优质肉牛产品，为育肥区提供架子牛。主攻方向是健全肉牛良繁体系和疫病防治体系，充分发挥饲料资源的优势，大力推广规模化、标准化养殖技术，努力提高繁殖成活率和牛肉质量；培育和发展加工企业，提高加工产品的质量和安全性，开拓国内外市场，带动本区域肉牛产业的快速发展。

【西南肉牛区】是我国近年来正在成长的一个新型肉牛产区，包括5个省市的67个县市，其中四川省5个县、重庆市3个县、云南省35个县市、贵州省9个县市和广西15个县市。

该区域农作物副产品资源丰富，草山草坡较多，青绿饲草资源也较丰富；同时，三元种植结构的有效实施，饲草饲料产量将会进一步提高，为发展肉牛产业奠定了基础。主要限制因素是肉牛业基础薄弱，地方品种个体小，生产能力相对较低。

该区域目标定位为立足南方市场，建成西南地区优质牛肉生产供应基地。主攻方向为加快南方草山草坡和各种农作物副产品资源的开发利用；大力推广三元结构种植，合理利用有效的光热资源，增加饲料饲草产量；加强现代肉牛业饲养和育肥技术的推广应用，努力在提高出栏肉牛的胴体重和经济效益上下工夫。

◆全国草食畜牧业发展规划

为推动草食畜牧业又好又快发展，保障优质安全草食畜产品有效供给，促进畜牧业结构调整和转型升级，加快现代畜牧业建设，农业部组织制定了《全国草食畜牧业发展规划（2016—2020年）》（农牧发〔2016〕12号）。

【产业布局】巩固发展中原产区，稳步提高东北产区，优化发展西部产区，积极发展南方产区肉牛产业。加快推进肉牛品种改良，大力发展标准化规模养殖，强化产品质量安全监管，提高产品品质和养殖效益，充分开发利用草原地区、丘陵山区和南方草山草坡资源，稳步提高基础母牛存栏量，着力保障肉牛基础生产能力，做大做强肉牛屠宰加工龙头企业，提升肉品冷链物流配送能力，实现产加销对接，提高牛肉供应保障能力和质量安全水平。

【重点任务】深入实施遗传改良计划，大力支持肉牛国家核心育种场建设，完善生产性能测定配套设施设备配置，规范开展生产性能测定工作；加快育种进程，选择群体规模大、育种基础好的现有杂交群体开展杂交育种，培育一批专门化肉牛新品种，提高育成品种和引进品种的生产性能；加快推进联合育种，支持和鼓励以企业为主导，联合高校、科研机构等成立联合育种组织。大力发展标准化规模养殖，扩大肉牛标准化规模养殖项目实施范围，支持适度规模养殖场改造升级，推动由散养向适度规模养殖转变；加快粪便收集环节工艺研究与设备研发，提高规模养殖场粪污处理利用基础设施设备配备率，鼓励企业完善粪便污水综合处理利用技术，发展差异化生态工程处理模式；推进牛标准化屠宰，优化牛肉产品结构，加快推进肉品分类分级，扩大冷鲜肉和分割肉市场份额。

鼓励和支持企业收购、自建养殖场，延伸产业链，带动合作社、专业大户、家庭农〔牧〕场等经营主体，推进"龙头企业＋合作社"或"龙头企业＋家庭农（牧）场"的经营模式，为农牧民提供贷款担保和资助农牧民参加养殖保险，完善企业与农户的利益联结机制。

◆全国节粮型畜牧业发展规划

为保障畜产品有效供给、缓解粮食供需矛盾、丰富居民的膳食结构，为进一步促进节粮型畜牧业持续健康发展，农业部组织编制了《全国节粮型畜牧业发展规划（2011—2020 年）》（农办牧〔2011〕52 号）。

【发展目标】到 2015 年，牛肉产量达到 700 万吨，年递增 1.4%；到 2020 年，牛肉产量达到 740 万吨，年递增 1.1%。

【产业布局与主攻方向】加强东北、西北、西南和中原肉牛优势区建设，推动南方草山草坡肉牛业发展。加快品种改良，大力发展标准化规模养殖，积极推广健康养殖模式和技术，加强产品质量和安全监管，提高肉牛品质和养殖效益。加强政策引导，逐步提高基础母牛存栏量，着力保障肉牛基础生产能力。牧区重点发展现代集约型草地畜牧业，调整畜群结构，转变养殖方式，积极推广舍饲、半舍饲养殖，为农区和农牧交错带提供架子牛。农区重点推广秸秆青贮技术、规模化标准化育肥技术，努力提高育肥效率和产品质量安全水平。

【重点任务】合理开发利用非粮饲草料资源，加快优良肉牛品种的选育和推广，大力推进适度规模科学养殖，加强疫病防控与质量安全监管，加大先进适用技术的研发和推广力度。

▶ **粮改饲工作实施方案**

为贯彻 2017 年中央 1 号文件精神，全面落实《政府工作报告》粮改饲试点任务目标，经商财政部，农业部制定了《粮改饲工作实施方案》（农牧发〔2017〕8 号）。

◆实施区域

河北、山西、内蒙古、辽宁、吉林、黑龙江、安徽、山东、河南、广西、贵州、云南、陕西、甘肃、青海、宁夏、新疆等 17 个省（自治区）和黑龙江省农垦总局。

◆实施内容

粮改饲主要采取以养带种方式推动种植结构调整，促进青贮玉米、苜蓿、燕麦、甜高粱和豆类等饲料作物种植，收获加工后以青贮饲草料产品形式由牛羊等草食家畜就地转化，引导试点区域牛羊养殖从玉米籽粒饲喂向全株青贮饲喂适度转变。中央财政补助资金主要用于优质饲草料收贮工作。

◆支持对象

规模化草食家畜养殖场户或专业青贮饲料收贮合作社等新型经营主体。

➤ 肉牛标准化规模养殖

为发挥标准化规模养殖在规范畜牧业生产、保障畜产品有效供给、提升畜产品质量安全水平中的重要作用，推进畜牧业生产方式尽快由粗放型向集约型转变，促进现代畜牧业持续健康平稳发展，农业部于 2010 年发布了《关于加快推进畜禽标准化规模养殖的意见》（农牧发〔2010〕6 号）。在农业部发布的《2016 年畜禽养殖标准化示范创建活动工作方案》（农办牧〔2016〕8 号）中做了如下规定：

◆基本要求

参与创建的规模肉牛养殖场的生产经营活动必须遵守《畜牧法》《动物防疫法》《畜禽规模养殖污染防治条例》等相关法律法规，具备养殖场备案登记手续和《动物防疫条件合格证》，养殖档案完整，两年内无重大动物疫病和质量安全事件发生，年出栏育肥牛 500 头以上，或存栏能繁母牛 50 头以上。

◆示范创建内容

畜禽良种化、养殖设施化、生产规范化、防疫制度化、粪污无害化。

◆肉牛标准化示范场验收评分标准

评分标准包括以下 5 项：肉牛场选址与布局（14分）、设施与设备（31 分）、管理制度与记录（27 分）、环保要求（20 分）、生产水平（8 分）。

▶ 肉牛养殖废弃物资源化利用

为加快推进畜禽养殖废弃物资源化利用，促进农业可持续发展，国务院办公厅发布了《国务院办公厅关于加快推进畜禽养殖废弃物资源化利用的意见》（国办发〔2017〕48 号）。为深入开展畜禽粪污资源化利用行动，加快推进畜牧业绿色发展，农业部制定了《畜禽粪污资源化利用行动方案（2017—2020 年）》（农牧发〔2017〕11 号）。本意见和行动方案提出了如下要求。

◆主要目标

到 2020 年，建立科学规范、权责清晰、约束有力的畜禽养殖废弃物资源化利用制度，构建种养循环发展机制，全国畜禽粪污综合利用率达到 75% 以上，规模养殖场粪污处理设施装备配套率达到 95% 以上，大型规模养殖场粪污处理设施装备配套率提前一年达到 100%。畜牧大县、国家现代农业示范区、农业可持续发展试验示范区和现代农业产业园率先实现上述目标。

◆保障措施

加强财税政策支持，统筹解决用地、用电问题，加快畜牧业转型升级，加强科技及装备支撑，强化组织领导。

◆重点任务

建立健全资源化利用制度、优化畜牧业区域布局、加快畜牧业转型升级、促进畜禽粪污资源化利用、提升种养结合水平、提高沼气和生物天然气利用效率。

◆区域重点及技术模式

【京津沪地区】重点推广"污水肥料化利用"模式、"粪便垫料回用"模式、"污水深度处理"模式。

【东北地区】包括内蒙古、辽宁、吉林和黑龙江 4 省（自治区）。重点推广"粪污全量收集还田利用"模式、"污水肥料化利用"模式、"粪污专业化能源利用"模式。

【东部沿海地区】包括江苏、浙江、福建、广东和海南5省。重点推广"粪污专业化能源利用"模式、"异位发酵床"模式、"污水肥料化利用"模式、"污水达标排放"模式。

【中东部地区】包括安徽、江西、湖北和湖南4省。重点推广"粪污专业化能源利用"模式、"污水肥料化利用"模式、"污水达标排放"模式。

【华北平原地区】包括河北、山西、山东和河南4省。重点推广"粪污全量收集还田利用"模式、"粪污专业化能源利用"模式、"粪便垫料回用"模式和"污水肥料化利用"模式。

【西南地区】包括广西、重庆、四川、贵州、云南和西藏6省(自治区、直辖市)。重点推广"异位发酵床"模式和"污水肥料化利用"模式。

【西北地区】包括陕西、甘肃、青海、宁夏和新疆5省(自治区)。重点推广"粪便垫料回用"模式、"污水肥料化利用"模式和"粪污专业化能源利用"模式。

▶ 肉牛养殖补贴政策

◆肉牛防疫等补助经费

为了加强动物防疫等补助经费的管理和监督,提高资金使用效益,财政部会同农业部制定了《动物防疫等补助经费管理办法》(财农〔2017〕43号)。在此基础上,农业部办公厅和财政部办公厅制定了《动物疫病防控财政支持政策实施指导意见》。

【主要内容】动物疫病防控财政支持政策主要包括强制免疫补助、强制扑杀补助、养殖环节无害化处理补助(病死猪无害化处理①) 三项内容。

【强制免疫补助】主要用于开展包括肉牛口蹄疫、布鲁氏菌病、包虫病在内的免疫疫苗(驱虫药物)采购、储存、注射(投喂)及免疫效果监测评价、人员防护等

①只涉及病死猪的无害化处理,未涉及肉牛。

相关防控工作，以及对实施和购买动物防疫服务等予以补助。口蹄疫补助范围：全国（按要求申请不免疫的除外）；布鲁氏菌病补助范围：布鲁氏菌病一类地区，目前包括北京、天津、河北、山西、内蒙古、辽宁（含大连）、吉林、黑龙江、山东（含青岛）、河南、陕西、甘肃、青海、宁夏、新疆和新疆生产建设兵团；包虫病补助范围：包虫病疫区，目前包括内蒙古、四川、西藏、甘肃、青海、宁夏、新疆和新疆生产建设兵团。

【强制扑杀补助】国家在预防、控制和扑灭肉牛疫病过程中，对被强制扑杀肉牛的所有者给予补偿。强制扑杀疫病包括：口蹄疫、布鲁氏菌病、结核病和包虫病。补助经费为3 000元/头，由中央财政和地方财政共同承担。中央财政对东、中、西部地区的补助比例分别为40%、60%、80%，对新疆生产建设兵团和中央直属垦区的补助比例为100%。

◆农业机械购置补贴

为确保农业机械购置补贴政策公开、规范、廉洁实施，充分发挥农机购置补贴政策效益，加快农机化发展方式转变，推动粮棉油糖作物生产全程机械化，促进农业机械化又好又快发展和农业综合生产能力提高，农业部办公厅和财政部办公厅制定了《2015—2017年农业机械购置补贴实施指导意见》（农办财〔2015〕6号）。

【补贴标准】一般农机每档次产品补贴额原则上按不超过该档产品上年平均销售价格的30%测算，单机补贴额不超过5万元；烘干机单机补贴额不超过12万元；100马力以上大型拖拉机、高性能青饲料收获机、大型免耕播种机补贴额不超过15万元；200马力以上拖拉机单机补贴额不超过25万元。

【补贴对象】在全国所有农牧业县（场）范围内直接从事农业生产的个人和农业生产经营组织。

◆国家畜牧良种补贴政策

从 2005 年开始，国家实施畜牧良种补贴政策，投入大量资金用于对项目省养殖场（户）购买优质种猪（牛）精液或者种公羊、牦牛种公牛给予价格补贴。

【补贴对象】项目区内使用良种精液开展人工授精的肉牛养殖场（小区、户）。

【补贴标准】按照每头能繁母牛每年使用 2 剂冻精，每剂冻精 5 元来补贴。补贴品种包括国家批准引进和自主培育的肉牛品种，以及优良地方品种。

▶ 肉牛养殖奖励政策

◆ 肉牛调出大县奖励政策

为进一步调动地方发展生猪（牛羊）产业的积极性，促进生猪（牛羊）生产、流通，引导产销有效衔接，保障市场供应，财政部制定了《生猪（牛羊）调出大县奖励资金管理办法》（财建〔2015〕778 号）。

【补贴标准】牛调出大县奖励资金按因素法分配到县。分配因素包括过去三年年均牛调出量、出栏量和存栏量，因素权重分别为 50%、25%、25%。奖励资金对牛调出大县前 100 名给予支持。

【奖励范围】奖励资金由县级人民政府统筹安排用于支持本县牛生产流通和产业发展，支持范围包括：牛生产环节的圈舍改造、良种引进、污粪处理、防疫、保险、牛饲草料基地建设，以及流通加工环节的冷链物流、仓储、加工设施设备等方面的支出。

◆ 草原生态保护奖励政策

农业部、财政部共同制定了《新一轮草原生态保护补助奖励政策实施指导意见（2016—2020 年）》（农办财〔2016〕10 号）。

【支持范围】在内蒙古、四川、云南、西藏、甘肃、宁夏、青海、新疆等 8 个省（自治区）和新疆生产建设兵团等 8 省区实施禁牧补助、草畜平衡奖励和绩效评价奖励；在河北、山西、辽宁、吉林、黑龙江等 5 个省和黑龙江省农垦总局实施"一揽子"政策和绩效评价奖励。

【禁牧补助】

对生存环境恶劣、退化严重、不宜放牧以及位于大江大河水源涵养区的草原实行禁牧封育，中央财政按照每年每亩①7.5 元的测算标准给予禁牧补助。5 年为一个补助周期，禁牧期满后，根据草原生态功能恢复情况，继续实施禁牧或者转入草畜平衡管理。

【草畜平衡奖励】对禁牧区域以外的草原根据承载能力核定合理载畜量，实施草畜平衡管理，中央财政对履行草畜平衡义务的牧民按照每年每亩 2.5 元的测算标准给予草畜平衡奖励。引导鼓励牧民在草畜平衡的基础上实施季节性休牧和划区轮牧，形成草原合理利用的长效机制。

【绩效考核奖励】中央财政每年安排绩效评价奖励资金，对工作突出、成效显著的省区给予资金奖励，由地方政府统筹用于草原生态保护建设和草牧业发展。

▶ 肉牛养殖保险

为贯彻落实 2015 年中央 1 号文件有关精神，进一步保护投保农户合法权益，确保国家强农惠农富农政策落实效果，中国保监会、财政部、农业部发布了《关于进一步完善中央财政保费补贴型农业保险产品条款拟订工作的通知》（保监发〔2015〕25 号）。

◆ 保险范围

保险责任包括但不限于主要疾病和疫病、自然灾害〔暴雨、洪水（政府行蓄洪除外）、风灾、雷击、地震、冰雹、冻灾〕、意外事故（泥石流、山体滑坡、火灾、爆炸、建筑物倒塌、空中运行物体坠落）、政府扑杀等。当发生高传染性疫病，政府实施强制扑杀时，保险公司应对投保农户进行赔偿，并可从赔偿金额中相应扣减政府扑杀专项补贴金额。保险金额应覆盖直接物化成本或饲养成本。不

①亩为非法定计量单位，1 亩 ≈ 666.67 米²。

得对按头保险的牛等大牲畜的保险条款设置绝对免赔。

◆前提条件

保险条款应将病死牛无害化处理作为保险理赔的前提条件，不能确认无害化处理的，保险公司不予赔偿。

▶ 新型农业经营主体培育

中共中央办公厅和国务院办公厅发布了《关于加快构建政策体系培育新型农业经营主体的意见》，在此基础上，农业部、国家发展改革委、财政部、国土资源部、人民银行、税务总局发布了《关于促进农业产业化联合体发展的指导意见》（农经发〔2017〕9号）。

◆重要意义

有利于构建现代农业经营体系、有利于推进农村一、二、三产业融合发展、有利于提高农业综合生产能力、有利于促进农民持续增收。

◆基本特征

独立经营，联合发展；龙头带动，合理分工；要素融通，稳定合作；产业增值，农民受益。

◆总体要求

坚持市场主导、农民自愿、民主合作、兴农富农。

◆建立分工协作机制

增强龙头企业带动能力，发挥其在农业产业化联合体中的引领作用；提升农民合作社服务能力，发挥其在农业产业化联合体中的纽带作用；强化家庭农场生产能力，发挥其在农业产业化联合体中的基础作用；完善内部组织制度，引导各成员高效沟通协作。

◆健全资源要素共享机制

发展土地适度规模经营、引导资金有效流动、促进科技转化应用、加强市场信息互通、推动品牌共创共享。

◆完善利益共享机制

提升产业链价值、促进互助服务、推动股份合作、实现共赢合作。

◆完善支持政策

优化政策配套、加大金融支持、落实用地保障。

◆强化保障措施

加强组织领导、开展示范创建、加大宣传引导。

3. 肉牛生产相关标准

肉牛标准化养殖是现代畜牧业发展的必由之路,对加快肉牛生产方式转变、促进肉牛产业持续健康发展具有重要意义。肉牛生产过程中发布和实施的有国家标准、行业标准、地方标准等,主要包括良种选择、性能测定、场址布局、栏舍建设、生产设施设备、牧草生产及加工、投入品使用、卫生防疫、粪污处理、屠宰与加工等方面,肉牛生产企业应严格执行相关标准的规定,并按程序组织生产,实现肉牛良种化、养殖设施化、生产规范化、防疫制度化、粪污处理无害化和监管常态化。

肉牛品种标准

肉牛品种的标准规定了肉牛的品种特征、外貌特点、生产性能、等级评定等内容,包括引进的肉牛品种,如夏洛来种牛(GB 19374—2003)、利木赞种牛(GB 19375—2003),我国培育的专门化肉用品种夏南牛(GB/T 29390—2012)、BMY 牛(DB 53/T 447.1—2012)及培育的乳肉兼用品种,如中国西门塔尔牛(GB 19166—2003)、三河牛(GB/T 5946—2010)、中国草原红牛(DB 22/T 958—2011)、新疆褐牛(DB 65/T 3791—2015)。我国本地黄牛品种,如秦川牛(GB 5797—2003)、南阳牛(GB/T 2415—2008)、宣汉黄牛(DB 51/T 962—2009)、峨边花牛(DB 51/T 785—2008)等。这些品种标准有助于养殖者对肉牛品种的识别和饲养管理水平和生长发育的评定,同时根据当地的自然生态条件、饲料资源及资金情况选择适宜的肉牛品种。

性能测定标准

肉牛的生产性能与养殖的经济效益密切相关，生产性能测定是提高肉牛生产水平和种群选育水平的先决条件。我国农业部发布的肉牛生产性能测定技术规范（NY/T 2660—2014）规定了肉牛主要生产性能测定的性状和方法，包括肉牛生长发育性状、肥育性状、胴体性状、肉质性状的测定，对肉牛生产和经营者均适用。畜禽遗传资源调查技术规范第 3 部分:牛（GB/T 27534.3—2011）中对黄牛、水牛、牦牛遗传资源的调查项目进行了阐述，这有助于各地充分地了解和把握牛品种的遗传资源。这些标准的发布与实施为肉牛个体遗传评定、群体遗传参数估计、牛群生产水平评价、牛场的经营管理以及肉牛杂交组合筛选提供了信息。

肉牛场建设

我国农业产业结构的调整促进了肉牛产业的快速发展，建设规模化、标准化的肉牛场是现代肉牛产业发展的必然趋势。为了加快我国标准化肉牛场建设的进程，农业部发布了标准化养殖场肉牛（NY/T 2663—2014）、牧区牛羊棚圈建设技术规范（NY/T 1178—2006）、畜禽养殖场质量管理体系建设通则（NY/T 1569—2007）、种牛场建设标准（NY/T 2967—2016）等牛场建设相关的行业标准，这些标准规定了肉牛养殖场的基本要求、选址与布局、生产设施与设备、管理与防疫、废弃物处理和生产水平等方面，对肉牛养殖者或养殖企业的牛舍建设提供了参考依据。

繁殖技术标准

◆冻精及人工授精

牛人工授精技术能提高良种公牛的利用率，减少疾病传播，降低饲养管理费用，有利于选种选配，提高养牛经济效益，牛人工授精技术是目前应用最广泛最有成效的繁殖技术。为了保证人工授精过程中使用的冻精的质量，我国发布了输精细管（NY/T 1181—2006）、牛冷冻精液（GB/T 4143—2008）、牛冷冻精液包装、标签、贮存和运输（GB/T 30396—2013）、牛性控冷冻精液（GB/T 31582—2015）等相关的标准，同时，为了规范冻精生产及人工授精技术，发布并实施了牛性控冷冻精液生产技术规程（GB/T 31581—2015）、牛冷冻精液生产技术规程（NY/T 1234—2006）、牛人工授精技术规程（NY/T 1335—2007）、牛程序化输精技术规程（DB 50/T 552—2014），这些标准为提高母牛的受胎率及牛人工授精技术的推广奠定了基础。

◆胚胎及胚胎移植技术

胚胎移植技术是发挥优良母牛的繁殖潜力、提高繁殖效率、加速品种改良的重要途径，近年来已在动物引种和改良方面被广泛应用。我国发布了牛胚胎的生产要求、质量检测、判定、包装、标识、性别鉴定、贮存和运输等方面的标准，包括牛胚胎（GB/T 25881—2010）、牛羊胚胎质量检测技术规程（NY/T 1674—2008）、牛胚胎生产技术规程（GB/T 26938—2011）、牛早期胚胎性别的鉴定巢式 PCR 法（GB/T 25876—2010）、牛胚胎性别鉴定技术方法 PCR 法（NY/T 1903—2010）、畜禽细胞与胚胎冷冻保种技术规范（NY/T 1900—2010）、牛胚胎移植技术规程（NY/T 1572—2007），这些标准为我国肉牛的胚胎生产和胚胎移植奠定了基础，加快了胚胎移植产业化进程。

▶ **牧草生产及加工标准**

◆牧草种子

牧草种子是建植人工草地、改良退化草地必需的物质基础，优质种子是牧草出好苗、壮苗的前提，因此，牧草种子的质量与牧草产量密切相关。为了保障牧草种子的质量，生产企业需要对种子质量进行检测。目前，牧草种子的检验规程主要包括：包衣种子测定（GB/T 2930.10—2001）、水分测定（GB/T 2930.8—2001）、重量测定（GB/T 2930.9—2001）、发芽试验（GB/T 2930.4—2001）、健康测定（GB/T 2930.6—2001）、净度分析（GB/T 2930.2—2001）、其他植物种子数测定（GB/T 2930.3—2001）、生活力的生物化学（四唑）测定（GB/T 2930.5—2001）、种及品种鉴定（GB/T 2930.7—2001）。这些标准的发布与实施，为牧草种子生产企业和牧草种植提供了参考的标准。

◆ 牧草种植

随着肉牛产业的快速发展，牧草的需求量迅速增加，各地肉牛生产者纷纷从境外或外地引入草种，引入过程中应遵循草种引种技术规范（NY/T 1576—2007）中草种引种的基本原则、程序和主要技术要求。建设人工草地的需要遵循人工草地建设技术规程（NY/T 1342—2007）。为了提高牧草种植的效率，重庆质量监督局发布了一系列适合当地生态条件的牧草种植技术规范，包括红三叶栽培技术规范（DB 50/T 422—2011）、扁穗牛鞭草种植技术规范（DB 50/T 397—2011）、皇竹草种植技术规范（DB 50/T 398—2011）、甜高粱种植技术规范（DB 50/T 399—2011）、白三叶种植技术规范（DB 50/T 409—2011）、菊苣种植技术规范（DB 50/T 410—2011）、鸭茅种植技术规范（DB 50/T 477—2012）、多花黑麦草种植技术规程（DB 50/T 476—2012）、多年生黑麦草种植技术规程（DB 50/T 549—2014）。这些规范对牧草的种植具有指导作用，能促进牧草的规范化生产和产量的提高。

◆ 牧草评定

牧草的加工调制对保证肉牛的饲草需求量与饲草供应量的常年平衡、提高牧草的贮存性和利用率、方便运输和饲喂等方面具有重要意义。我国对加工的牧草质量评定颁布了相关的标准，如豆科牧草干草质量分级（NY/T 1574—2007）、禾本科牧草干草质量分级（NY/T 728—2003）、苜蓿干草捆质量（NY/T 1170—2006）、草颗粒质量检验与分级（NY/T 1575—2007）、青贮玉米品质分级（GB/T 25882—2010）、苜蓿干草粉质量分级（NY/T 140—2002）、饲草营养品质评定（GB/T 23387—2009）、饲料用玉米（GB/T 17890—2008），这对牧草优劣程度的评定提供了参考依据。我国有广阔的草原，为了更好地利用和保护草原资源，草原健康状况评价技术规范（GB/T 21439—2008）、天然草原等级评定技术规范（NY/T 1579—2007）等标准对草原牧草质量评定进行了规定，这为草原质量及生产力的综合评定提供了依据。

饲料营养标准

◆饲养标准

肉牛饲养标准（NY/T 815—2004）规定了生长育肥牛、生长母牛、哺乳母牛等不同阶段肉牛对日粮干物质进食量、净能、小肠可消化粗蛋白质、矿物质元素、维生素的需要量，这些标准的发布与实施对肉牛日粮配制及精准调控提供了依据，也便于养殖企业根据饲料原料灵活调整饲料配方。

◆饲料制作的要求

肉牛饲料需要按照一定的要求进行制作，国家及地方发布了饲料制作标准，包括无公害食品畜禽饲料和饲料添加剂使用准则（NY 5032—2006）、犊牛代乳粉（GB/T 20715—2006）、饲料粉碎粒度测定两层筛筛分法（GB/T 5917.1—2008）、饲料产品混合均匀度的测定（GB/T 5918—2008）、微量元素预混合饲料混合均匀度的测定（GB/T 10649—2008）、肉牛精料补充料（LS/T 3405—1992）、肉牛全混合日粮（TMR）饲养技术规程（DB50/T 555—2014）、牛羊青贮饲料制作技术规程

（DB51/T 1084—2010），这些标准对肉牛饲料制作提供了方法，同时也保证了饲料的质量。

◆饲料取样与分析

我国颁布的国家标准对饲料取样和分析进行了规范，包括饲料采样（GB/T 14699.1—2005）、动物饲料试样的制备（GB/T 20195—2006）、饲料中粗蛋白（GB/T 6432—1994）、粗脂肪（GB/T 6433—2006）、粗纤维（GB/T 6434—2006）、水分（GB/T 6435—2014）、粗灰分（GB/T 6438—2007）、钙（GB/T 6436—2002）、总磷（GB/T 6437—2002）、酸性洗涤木质素（GB/T 20805—2006）、酸性洗涤纤维（NY/T 1459—2007）、中性洗涤纤维（NDF）（GB/T 20806—2006）、盐酸不溶灰分（GB/T 23742—2009）、碘（GB/T 13882—2010）、硒（GB/T 13883—2008）、钴（GB/T 13884—2003）、钙、铜、铁、镁、锰、钾、钠和锌（GB/T 13885—2003）、铬（GB/T 13088—2006）等含量的测定，这些标准为饲料生产企业饲料营养成分的评定提供了依据，也保证了测试样品的代表性。

◆饲料卫生与安全

饲料卫生和安全直接关系养殖业的高效生产和动物产品的安全卫生，间接影响人类的卫生和安全。国家质量监督检验检疫总局发布了关于饲料卫生和安全方面的标准，包括饲料卫生标准（GB 13078—2001）、配合饲料企业卫生规范（GB/T 16764—2006）、生活饮用水卫生标准（GB 5749—2006）、无公害食品畜禽饮用水水质（NY 5027—2008）、饲料中水溶性氯化物（GB/T 6439—2007）、沙门氏菌（GB/T 13091—2002）、霉菌总数（GB/T 13092—2006）、细菌总数（GB/T 13093—2006）、大肠菌群（GB/T 18869—2002）、志贺氏菌（GB/T 8381.2—2005）、总砷（GB/T 13079—2006）、铅（GB/T 13080—

2004)、汞（GB/T 13081—2006）、镉（GB 13082—1991）、氟（GB/T 13083—2002）、氰化物（GB/T 13084—2006）、亚硝酸盐（GB/T 13085—2005）、饲料中黄曲霉毒素、玉米赤霉烯酮和 T–2 毒素（GB/T 17480—2008、GB/T 19540—2004、GB/T 8381.4—2005、NY/T 2071—2011）、赭曲霉毒素 A（GB/T 19539—2004）、磺胺类药物（GB/T 19542—2007）、金霉素（GB/T 19684—2005）、土霉素（GB/T 22259—2008）、维吉尼亚霉素（GB/T 22261—2008）、莱克多巴胺（GB/T 20189—2006）、盐酸多巴胺（GB/T 21036—2007）、盐酸克仑特罗（NY/T 1460—2007）、喹乙醇（GB/T 8381.7—2009）、三聚氰胺（NY/T 1372—2007）、莫能菌素（NY/T 725—2003）等测定，这些标准为肉牛生产过程中饲料的安全评价奠定了基础。

◆饲养管理

肉牛饲养管理准则（NY/T 5128—2002）规定了无公害肉牛生产中环境、引种和购牛、饲养、防疫、管理、运输、废弃物处理等涉及肉牛饲养管理的各环节应遵循的准则。畜禽养殖场质量管理体系建设通则（NY/T 1569—2007）对畜禽养殖场质量管理机构、制度、人员、生产记录的建设进行了规范，肉牛育肥良好管理规定（NY/T 1339—2007）对肉牛育肥场选址、规划、牛舍设计、投入品、饲养管理、疫病防治、废弃物处理等规范，种公牛（NY/T 1446—2007）及左福元等制定了架子牛（DB 50/T 553—2014）、肉用犊牛（DB 50/T 554—2014）、肉用育成母牛（DB 50/T 556—2014）、肉用繁殖母牛（DB 50/T 557—2014）饲养管理规程对不同阶段肉牛的饲养管理进行了规范，促进了肉牛生产效率的提高。

疾病防控标准

◆运输工具

随着肉牛产业的发展，活牛流通日趋活跃。活体动物航空运输载运（GB/T 27882—2011）、活体动物航空运输包装通用要求（GB/T 26543—2011）、进出境动物运输工具消毒处理规程（SN/T 3089—2012）等标准的发布与实施，减少了肉牛疾病的传播，提高了肉牛运输过程的动物福利。

◆诊断及检验检疫

近几年来，我国在肉牛检疫方面发布了检疫相关的标准，包括畜禽产地检疫规范（GB 16549—1996）、进出境种牛检验检疫操作规程（SN/T 1691—2006）、牛无浆体病检疫技术规范（SN/T 2021—2007）、牛瘟检疫技术规范（SN/T 2732—2010）、牛海绵状脑病检疫技术规范（SN/T 1316—2011）、牛传染性鼻气管炎检疫技术规范（SN/T 1164.1—2011）、进出境牛传染性胸膜肺炎检疫规程（SN/T 2849—2011）等检疫规范，同时对肉牛的布鲁氏菌病（GB/T 18646—2002、NY/T 1467—2007）、蓝舌病（GB/T 18636—2002）、牛病毒性腹泻/黏膜病（GB/T 18637—2002）、牛皮蝇蛆病（GB/T 22329—2008）、牛出血性败血病（GB/T 27530—2011）、牛传染性胸膜肺炎（GB/T 18649—2014）、口蹄疫（GB/T 18935—2003、GB/T 27528—2011）、牛海绵状脑病（GB/T 19180—2003）、牛瘟（NY/T 906—2004）、牛毛滴虫病（NY/T 1471—2017）、胃肠道线虫（NY/T 1465—2007）等疾病的诊断技术进行了规定，这些标准的实施有助于及时发现及预防控制肉牛疾病，有效减少肉牛养殖的经济损失。

◆兽药规范

为了保证食品安全，我国颁布了肉牛兽药使用相关的规范，如饲料中兽药及其他化学物检测试验规程（GB/T 23182—2008）、药品冷链物流运作规范（GB/T 28842—2012）、无公害食品肉牛饲养兽医防疫准则（NY

5126—2002)、绿色食品兽药使用准则（NY/T 472—2013）、无公害农产品兽药使用准则（NY/T 5030—2006）、动物及动物产品兽药残留监控抽样规范（NY/T 1897—2010)、兽药使用监督规范（DB 21/T 2314—2014)，这些标准规范兽药采购、保管和使用，确保肉牛生产过程中安全、合理、有效用药，保障畜产品质量安全。

◆综合防治

为了控制和预防肉牛场的疾病，我国发布了相应的防治标准，包括布鲁氏菌病监测标准（GB 16885—1997)、无规定动物疫病区标准·第 1 部分:通则（GB/T 22330.1—2008)、无口蹄疫区（GB/T 22330.2—2008)、无牛瘟区（GB/T 22330.7—2008)、无牛传染性胸膜肺炎区（GB/T 22330.8—2008)、无牛海绵状脑病区（GB/T 22330.9—2008)、无蓝舌病区（GB/T 22330.10—2008)、动物免疫接种技术规范（NY/T 1952—2010)、绿色食品畜禽饲养防疫准则（NY/T 1892—2010)、牛寄生虫病综合防控技术规范（DB 21/T 1761—2009)、口蹄疫消毒技术规范（NY/T 1956—2010)、口蹄疫免疫接种技术规范（NY/T 1955—2010)、无规定动物疫病区口蹄疫监测技术规范（NY/T 2075—2011)。这些标准的实施能有效减少肉牛养殖场疾病的发生，防止疫病的传播扩散，提高养牛的经济效益。

粪污处理与利用标准

◆粪污监管及治理

肉牛养殖过程中产生大量的粪便和污水，如果监管和治理不好将会对环境造成较大的危害。针对牛场粪污，我国颁布了相关的标准，包括畜禽养殖污水贮存设施设计要求（GB/T 26624—2011)、畜禽养殖污水采样技术规范（GB/T 27522—2011)、污水综合排放标准（GB

8978—1996)、畜禽养殖业污染物排放标准（GB 18596—2001)、畜禽养殖废弃物管理术语（GB/T 25171—2010)、畜禽粪便监测技术规范（GB/T 25169—2010)、畜禽场环境污染控制技术规范（NY/T 1169—2006)、畜禽养殖业污染治理工程技术规范（HJ 497—2009)、畜禽养殖业污染防治技术规范（HJ/T 81—2001)。这些标准对肉牛养殖场粪污处理设施的建设提供了指导意见，同时也为肉牛场污染物的防治提供了参考依据。

◆肥料

粪污通过适当的工艺加工为肥料在种植业中利用不仅可以避免环境污染，又减少化肥的使用，确保了土壤和粮食安全，具有非常广阔的市场前景。我国对此制定了相关的标准，包括肥料标识内容和要求（GB 18382—2001)、有机–无机复混肥料（GB 18877—2009)、有机肥料（NY 525—2012)、生物有机肥（NY 884—2012)、畜禽粪便无害化处理技术规范（NY/T 1168—2006)、畜禽粪便干燥剂质量评价技术规范（NY/T 1144—2006)、配方肥料（NY/T 1112—2006)、沼肥（NY/T 2596—2014)、复合微生物肥料（NY/T 798—2015)。这些标准有利于种植者合理施肥，提高肥料的利用率，减少环境污染。

◆沼气生产

为了减少肉牛场粪污对环境的污染，促进人畜健康，促进畜牧业持续健康发展，牛粪生产沼气成为一种肉牛场粪污无害化处理的重要方式。我国对规模化养殖场沼气生产制定了相关标准，包括规模化畜禽养殖场沼气工程运行、维护及其安全技术规程（NY/T 1221—2006)、规模化畜禽养殖场沼气工程设计规范（NY/T 1222—2006)、规模化畜禽养殖场沼气工程设备选型技术规范（NY/T 2600—2014)、农村户用沼气发酵工艺规程（NY/T 90—2014)、规模化畜禽养殖场沼气工程验收规范（NY/T

2599—2014)，这些标准为肉牛养殖场新建、扩建与改建沼气工程提供了参考依据，促进了肉牛粪污的资源化利用。

◆粪污农田利用

国家鼓励和支持采用种植和养殖相结合的方式消纳利用畜禽养殖废弃物，同时也发布了畜禽粪污在田间利用方面的标准，包括农田灌溉水质标准（GB 5084—2005）、畜禽粪便还田技术规范（GB/T 25246—2010）、畜禽粪便农田利用环境影响评价准则（GB/T 26622—2011）、肥料效应鉴定田间试验技术规程（NY/T 497—2002）、测土配方施肥技术规范（NY/T 1118—2006）、畜禽粪便安全使用准则（NY/T 1334—2007）、肥料合理使用准则通则（NY/T 496—2010）、肥料合理使用准则有机肥料（NY/T 1868—2010）、肥料效果试验和评价通用要求（NY/T 2544—2014）。这些标准能促进畜禽粪便、污水等废弃物就地就近地合理利用和土壤地力的改善，对农业面源污染治理具有重要意义。

肉牛屠宰与加工

肉牛屠宰与加工涉及的环节众多，国家也制定了包括屠宰加工设备及人员技能要求、屠宰质量控制、牛肉分割等级评定、肉牛产品、肉及肉制品品质测定相关的标准。

◆屠宰加工设备及人员要求

肉牛的屠宰加工设备与人员技能决定了肉牛屠宰的效率和质量，我国颁布了规模化屠宰加工企业的设备和屠宰加工人员的技能标准，包括畜类屠宰加工通用技术条件（GB/T 17237—2008）、牛羊屠宰与分割车间设计规范（GB 51225—2017）、畜禽屠宰加工设备通用要求（GB/T 27519—2011）、屠宰设备型号编制方法（SB/T 10600—2011）、畜禽屠宰加工设备通用技术条件（SB/T 10456—2008）、牛胴体劈半锯（SB/T 10603—2011）、牛剥皮机（SB/T 10601—2011）、牛击晕机（SB/T 10604—

2011)、电动绞肉机（JB/T 4412—2011）、屠宰冷藏加工人员技能要求（SB/T 10912—2012）、肉品品质检验人员岗位技能要求（SB/T 10359—2011）、屠宰企业消毒人员技能要求（SB/T 10661—2012），这些标准的实施对肉牛屠宰企业的建设和人员培训提供了依据，为屠宰加工的顺利实施奠定了坚实的基础。

◆屠宰质量控制

为了保障肉牛屠宰质量，我国从屠宰操作、消毒、卫生管理、质量管理等方面制定了相应的标准与规范，包括畜禽肉食品绿色生产线资质条件（GB/T 20401—2006）、食品安全管理体系·肉及肉制品生产企业要求（GB/T 27301—2008）、农副食品加工业卫生防护距离·第1部分:屠宰及肉类加工业（GB 18078.1—2012）、牛屠宰操作规程（GB/T 19477—2004）、畜禽屠宰 HACCP 应用规范（GB/T 20551—2006）、家畜屠宰质量管理规范（NY/T 1341—2007）、无公害农产品生产质量安全控制技术规范·第 12 部分:畜禽屠宰（NY/T 2798.12—2015）、牛屠宰分割安全产品质量认证评审准则（SB/T 10364—2012）、鲜、冻肉生产良好操作规范（GB/T 20575—2006）、牛羊屠宰产品品质检验规程（GB 18393—2001）、肉类屠宰加工企业卫生注册规范（SN/T 1346—2004）、屠宰和肉类加工企业卫生管理规范（GB/T 20094—2006）、食品安全国家标准鲜（冻）畜、禽产品（GB 2707—2016）、畜禽屠宰卫生检疫规范（NY 467—2001）、屠宰企业消毒规范（SB/T 10660—2012），这些标准为屠宰企业牛肉质量控制提供了参考依据，保障了屠宰企业安全高效生产。

◆牛肉分割等级评定

为了规范规模化屠宰场肉牛分割及等级评定，国家质量监督检验检疫总局及农业部发布了牛胴体及鲜肉分割（GB/T 27643—2011），鲜、冻分割牛肉（GB/T 17238—2008），鲜、冻四分体牛肉（GB/T 9960—2008），普通肉牛上脑、眼肉、外脊、里脊等级划分（GB/T 29392—2012），牛肉等级规格（NY/T 676—2010），牛肉分级（SB/T 10637—2011）等标准。这些标准为肉牛屠宰企业牛肉的分割及质量分级提供了依据，也为消费者进行牛肉选购提供了帮助。

◆牛肉产品

目前，市场上的牛肉产品种类不断增加，为了规范流通环节中牛肉及产品质量，国家商务部对牛肉及牛副产品流通分类及代码（SB/T 10747—2012）、畜禽产品包装与标识（SB/T 10659—2012）、低温肉制品质量安全要求（SB/T 10481—2008）都进行了规定，这对保障牛肉产品质量提供了依据。

◆肉及肉制品品质测定

随着人民生活水平的提高，人们对牛肉及肉制品的品质更加关注。近年来，国家质量监督检验检疫总局发布了肉与肉制品感官评定规范（GB/T 22210—2008）、肉与肉制品的取样方法标准（GB/T 9695.19—2008），同时，规定了肉及肉制品中各种营养成分及含量的测定方法，包括总灰分（GB/T 9695.18—2008）、水分（GB/T 9695.15—2008）、总磷（GB/T 9695.4—2009）、总糖含量（GB/T 9695.31—2008）、脂肪酸（GB/T 9695.2—2008）、羟脯氨酸（GB/T 9695.23—2008）、总脂肪（GB/T 9695.7—2008）、游离脂肪（GB/T 9695.1—2008）、胆固醇（GB/T 9695.24—2008）、维生素 A（GB/T 9695.26—2008）、维生素 B_1（GB/T 9695.27—2008）、维生素 B_2（GB/T 969528—2008）、维生素 E（GB/T 9695.30—2008）、锌（GB/T 9695.20—2008）、镁（GB/T 9695.21—2008）、铜（GB/T 9695.22—2009）、铁（GB/T 9695.3—2009）、钙（GB/T 9695.13—2009）、氯化物（GB/T 9695.8—2008）等含量的测定，同时对肉嫩度（NY/T 1180—2006）、pH（GB/T 9695.5—2008）的测定也进行了规范，这些检测方法为高校科研院所和食品生产企业的牛肉及产品成分的检测提供了依据。

二、肉牛品种与改良

1. 著名肉牛品种与利用①

国外肉用品种

◆ 夏洛来牛

原产于法国的夏洛来及涅夫勒地区，以体型大、增重快、饲料报酬高、能生产大量含脂肪少的优质肉而著称。夏洛来牛骨骼粗壮，头小而短，角质蜡黄，颈粗短，胸宽深，后腿肌肉发达，并向后和侧面突出，常形成"双肌"特征。被毛为乳白色或白色，皮肤常有色斑。成年公牛体重 1 100～1 200 千克，母牛 700～800 千克，初生重 42～45 千克（图 2-1、图 2-2）。

在良好饲养条件下，6 月龄公犊可达 250 千克，母犊

图 2-1 夏洛来牛（公）

图 2-2 夏洛来牛（母）

①牛的品种根据经济用途分为肉用、乳用、兼用、役用四种类型。

210 千克，平均日增重可达 1.1 ~ 1.2 千克。产肉性能好，屠宰率一般为 60% ~ 70%，胴体瘦肉率为 80% ~ 85%。但该牛的难产率高，达 13.7%。

用夏洛来牛改良我国本地黄牛，取得了明显效果，表现为夏杂后代体格明显增大，增长速度加快，杂种优势明显。但放牧和耐粗饲能力欠佳，与配母牛难产率高。

以夏洛来牛为父本，南阳牛为母本，通过杂交创新、横交固定和自群繁育三个阶段，采用开放式育种方法培育成我国第一个肉用牛新品种——夏南牛。以夏洛来牛为父本，辽宁本地黄牛为母本，采用级进杂交方式育成我国肉用牛新品种——辽育白牛。

◆ 海福特牛

原产于英国英格兰西部的威尔士地区的海福特县以及毗邻的牛津县，是世界最古老的早熟中小型品种。分有角、无角两种，有角者其角向两侧伸出向下弯曲，呈蜡黄色或白色。该牛头短额宽，颈粗短，垂皮发达，肋开张，躯干呈圆桶状，背腰宽而平直，被毛为棕红色，具有"六白"的特征，即头、颈垂、鬐甲、腹下、四肢下部和尾帚为白色，皮肤为橙红色（图 2-3、图 2-4）。

图 2-3　海福特牛（公）

图 2-4　海福特牛（母）

海福特牛成年公牛 850 ~ 1 100 千克，母牛 600 ~ 700 千克，犊牛初生重 32 ~ 34 千克。12 月龄体重达 400 千克，平均日增重 1.0 千克以上。400 天活重达 480 千克，一般屠宰率为 60%~65%。肉质优良，呈大理石状。海福特牛性成熟早，母牛 15~18 月龄可以初次配种。

◆ 利木赞牛

原产于法国中部地区的利木赞高原。利木赞牛头短，体躯较长，全身肌肉丰满，前肢肌肉特别发达，胸宽肋圆，四肢强健而细致。被毛为黄红色或红黄色，但深浅不一，背部毛色较深，四肢内侧、腹下部、眼圈周围、会阴部、口鼻周围及尾帚的毛色较浅，多呈草白或黄白色。成年公牛体重 1000~1100 千克，母牛 600~800 千克（图 2-5、图 2-6）。

图 2-5 利木赞牛（公）　　　　图 2-6 利木赞牛（母）

利木赞牛生长速度快，早熟。8 月龄小牛即可生产出具有大理石纹的牛肉，犊牛 6 月龄活重可达 250~300 千克，12 月龄活重 550 千克。利木赞牛肉质细嫩，屠宰率为 63%~71%，胴体瘦肉率高达 80%~85%。

利木赞牛是国际上常用的杂交父系之一，因其毛色非常接近黄牛，在我国引入后较受欢迎。杂交后代的主要优点：肌肉纤维细，肌间脂肪分布均匀，肉的嫩度好；初生重较小，难产率较低。根据山东等地资料，利木赞改良鲁西牛，一代杂种毛色好，生长快，体型外貌好，产肉量多，肉质好。以利木赞牛为父本，延边牛为母本，杂交育成我国肉用牛新品种——延黄牛。

◆ 安格斯牛

原产于英国的阿伯丁、安格斯和金卡丁等郡，属于古老的小型肉牛品种。无角，全身被毛黑色，又称为无角黑牛，现已育成红安格斯牛，具有同样的特性。安格斯牛体格低矮，体质紧凑、结实。头小而方，额宽、额顶突起，颈中等长且较厚，背线平直，腰荐丰满，体躯宽而深，呈圆桶状。四肢短而端正，全身肌肉丰满。成年公牛体重 700～900 千克，母牛 500～600 千克，初生重 25～32 千克（图 2-7 至图 2-11）。

图 2-7　黑安格斯牛（公）

图 2-8　黑安格斯牛（母）

图 2-9　红安格斯牛（公）

图 2-10　红安格斯牛（母）

图 2-11　放牧安格斯牛群（黑、红）

安格斯牛早熟，胴体品质高，出肉多，屠宰率一般为60%～65%。哺乳期日增重900～1 000克，育肥期日增重平均700～900克，肌肉大理石纹很好。母牛稍有神经质。

在许多国家，安格斯牛主要用作母系，其特点是非常耐粗饲、极少难产，肉质细嫩，肌肉大理石纹极好，饲料报酬高。在我国，它可以作为经济杂交的父本，成为山区黄牛的主要改良者，深受人们的喜爱。重庆三峡库区用红安格斯牛改良川南山地黄牛，在农户饲养条件下，到2岁左右出栏，其宰前重可达（403.33±39.58）千克，屠宰率为（54.80±2.47）%，比本地牛产肉性能有较大提高。

◆ 皮埃蒙特牛[1]

原产于意大利的皮埃蒙特地区。毛色为乳白色或浅灰色，犊牛幼龄时为乳黄色，鼻镜、眼圈、耳尖、尾帚为黑色。中等体型，皮薄骨细，双肌表现明显，全身肌肉丰满，后躯特别发达。成年公牛体重1 000千克以上，成年母牛体重500～600千克（图2-12、图2-13）。

[1]皮埃蒙特牛因含有双肌基因，是国际上公认的终端父本，已被22个国家引入，用于杂交改良。

图2-12　皮埃蒙特牛（公）　　　图2-13　皮埃蒙特牛（母）

皮埃蒙特牛生长速度快，育肥期平均日增重达1 500克，屠宰率一般为65%～70%，胴体瘦肉率达84.13%。在河南南阳地区，利用其对南阳牛杂交改良，已显示出良好的效果，皮南F_1代牛平均初生重35千克，比南阳牛增长 5 千克，8 月龄平均断奶体重 197 千克，18 月龄体重 479 千克，日增重 0.96 千克，屠宰率为 61.4%，净肉率为 53.8%。

国外兼用品种

◆ 西门塔尔牛

原产于瑞士西部的阿尔卑斯山区，是世界著名的兼用牛品种，分布地区广，数量多。西门塔尔牛体型大，骨骼粗壮结实，嘴宽，角较细而向上方弯曲，颈长中等，体躯长，肋骨开张，前、后躯发育良好，尻宽平，四肢结实，大腿肌肉发达，乳房发育好。毛色为黄白花或淡红白花，头、胸、腹下、四肢及尾帚多为白色，皮肤为粉红色。成年公牛 1 000 ~ 1 300 千克，母牛 600 ~ 750 千克（图 2-14、图 2-15）。

图 2-14　西门塔尔牛（公）

图 2-15　西门塔尔牛（母）

西门塔尔牛乳肉性能均较好，平均泌乳量为 4 000 ~ 5 000 千克，乳脂率为 4% 左右。该牛生长速度快，平均日增重可达 1.0 千克，胴体肉多，脂肪少而分布均匀，公牛育肥后屠宰率可达 65%。繁殖率高，适应性强，耐粗放管理，适于放牧。现在，该品种在我国分布较广，已有 20 多个省（自治区、直辖市）有饲养，用于改良我国黄牛取得了显著成绩，是我国至今用于改良本地牛范围最广、数量最大、杂交最成功的一个牛种，占全国改良黄牛的50%左右，现已培育形成中国西门塔尔牛品种。杂交后代具有生长速度快、耐粗饲的优点，其杂交母牛产乳量成倍提高，保留了耐粗饲、适应性好和放牧性好的优点，能为下一轮杂交提供良好的母系。

◆ 德国黄牛

原产于德国和奥地利，属肉乳兼用品种。毛色为浅黄色、黄色或淡红色，体型外貌与西门塔尔牛相似。体格大，体躯长，胸深，背直，四肢短而有力，肌肉强健。成年公牛体重1 000～1 100千克，母牛700～800千克（图2-16、图2-17）。

图2-16　德国黄牛（公）　　　　图2-17　德国黄牛（母）

德国黄牛与川南山地黄牛杂交，杂种后代在农户饲养条件下，18月龄体重、体高分别比本地牛提高了32.75%、7.47%，到2岁左右出栏，其宰前重为（395.88±60.05）千克，屠宰率为（54.39±1.22）%。

◆ 短角牛[1]

原产于英国，经过培育逐渐形成了近代短角牛的两种类型：肉用短角牛和乳肉兼用短角牛。肉用短角牛被毛以红色为主，有白色和红白交杂的沙毛个体，部分个体腹下或乳房部有白斑；鼻镜粉红色，眼圈色淡；头短，额宽平；角短细、向下稍弯，角呈蜡黄色或白色，角尖黑色；颈部被毛较长且多卷曲，额顶部有丛生的被毛；

[1]短角牛是由当地土种长角牛经改良而来，角较短小，故取其相对的名称而称为短角牛。

垂皮发达，胸宽而深，前胸突出，背腰宽且平直，具有典型肉牛特征。成年公牛活重900~1 200千克，母牛600~700千克。兼用短角牛基本上与肉用短角牛一致，不同的是其乳用特征较为明显，乳房发达，后躯较好（图2-18、图2-19）。

图2-18　短角牛（公）

图2-19　短角牛（母）

短角牛早熟性好，肉用性能突出，利用粗饲料能力强，增重快，产肉多，肉质细嫩。17月龄活重可达500千克，屠宰率为65%以上。兼用短角牛泌乳量平均为3 000~4 000千克，乳脂率为3.5%~3.7%。我国在东北、内蒙古等地多次引入短角牛改良当地黄牛，普遍反映杂种牛毛色紫红、体型改善、体格加大、产乳量提高，杂种优势明显。我国育成的乳肉兼用型新品种——中国草原红牛，就是利用乳用短角牛与本地黄牛杂交选育而成，其乳肉性能都得到全面提高，表现出了很好的杂交改良效果。

瘤牛品种

◆ 婆罗门牛

原产美国西南部，是肉用瘤牛品种。肩峰、颈垂和脐垂都十分发达，往往前后连成一大片垂皮，耳大下垂，体躯较短，体格高大但狭窄，尻部稍斜，毛色多为银灰色，皮较松弛（图2-20、图2-21）。

婆罗门牛具有抗体外寄生虫、耐体内寄生虫的特点，

图 2-20　婆罗门牛（公）

图 2-21　婆罗门牛（母）

汗腺发达，耐热性居各牛种之冠。繁殖性能好，母性好，耐粗饲，放牧性能好，适应性强。婆罗门牛肉质良好，泌乳性能优于许多肉用品种牛。乳脂率达 5.17%，胎次泌乳量 1 500 千克以上。我国福建引用婆罗门牛与当地黄牛杂交，杂交所得的婆闽牛初生重和 24 月龄重分别提高 31.9% 和 39.6%，泌乳量从每天 2.4 ~ 4 千克提高到 7 ~ 10 千克。

　　婆罗门牛是炎热地区改良黄牛的优秀牛种之一，我国南方地区可引入用来改良牛种的耐热性能。利用婆罗门牛、莫累灰牛和云南黄牛开展 3 个品种杂交选育，培育成我国肉用牛新品种——云岭牛。

2. 我国牛种资源与肉用生产

▶ 优良地方黄牛品种①

◆ 秦川牛

产于陕西省关中地区，属于较大型的役肉兼用品种。该牛体格高大，骨骼粗壮，肌肉丰满，体质强健。头部方正，肩长而斜。中部宽深，肋长而开张，后躯发育稍差。公牛头较大，颈短粗，垂皮发达，鬐甲高而宽；母牛头清秀，颈厚薄适中，鬐甲低而窄。角短而钝，多向外下方或向后稍弯。毛色为紫红或肉红色。成年公牛体

①秦川牛、晋南牛、南阳牛、鲁西牛、延边牛被称为我国五大良种黄牛。

重 600～800 千克，母牛 380～480 千克（图 2-22、图 2-23）。

图 2-22　秦川牛（公）　　　　图 2-23　秦川牛（母）

　　经育肥的 18 月龄秦川牛的平均屠宰率为 58.3%，净肉率为 50.5%，肉细嫩多汁，大理石纹明显。泌乳期为 6 个月，泌乳量 500～600 千克，乳脂率为 5.85%，蛋白质含量为 4.34%。秦川母牛常年发情，在中等饲养水平下，初情期为 9.3 月龄。秦川公牛一般 12 月龄性成熟，2 岁左右开始配种。

◆ 晋南牛

　　产于汾河下游晋南盆地。晋南牛被毛以枣红为主，鼻镜为粉红色。体躯高大，体质结实。公牛头重额宽，顺风角。颈短而粗，鬐甲宽而略高于背线，胸宽深，前躯发达，背腰平直，中等长，臀部较窄而倾斜，蹄大而圆，质地致密。成年公牛体重 650 千克，母牛 382 千克（图 2-24、图 2-25）。

　　晋南牛肉用性能良好，肉质细嫩，成年牛屠宰率为 52.3%，净肉率为 43.4%，易形成"雪花"牛肉。母牛泌乳性能欠佳，平均产乳量 745 千克，乳脂率为 5.5%～6.1%。母牛 9～10 月龄开始发情，2 岁配种，繁殖年限 10～12 年，产犊间隔 14～18 个月。公牛 9 月龄性成熟，成年公牛每次射精量 4.7 毫升，利用年限 7～9 年。晋南

图 2-24　晋南牛（公）　　　　　　图 2-25　晋南牛（母）

牛役用性能好，持久力强，性情温驯，易于管理，2.0～2.5 岁使役，使用年限 15～16 年。

◆ 鲁西牛

主要产于山东省西南部的菏泽和济宁两地区。鲁西牛体躯结构匀称，细致紧凑，为役肉兼用型。垂皮发达，公牛肩峰高而宽厚。胸深而宽，后躯发育差，体躯明显地呈前高后低的前强体型。母牛鬐甲低平，后躯发育较好，背腰短而平直。被毛从浅黄到棕红色，以黄色为最多，多数牛有"三粉"特征（眼圈、口轮、腹下毛色浅），鼻镜多为淡肉色。角色蜡黄或琥珀色，角形多为平角和龙门角。成年公牛平均体重 644 千克，成年母牛平均体重 366 千克（图 2-26、图 2-27）。

图 2-26　鲁西牛（公）　　　　　　图 2-27　鲁西牛（母）

鲁西牛产肉性能良好,皮薄骨细,产肉率较高,肌纤维细,脂肪分布均匀,呈明显的大理石状花纹。据试验,在以青草为主、掺入少量麦秸、每天补喂混合精料2千克的条件下,对1~1.5岁牛进行育肥,平均日增重610克。成年牛平均屠宰率为58.1%,净肉率为50.7%,眼肌面积为94.2厘米²。

鲁西牛繁殖能力较强。母牛性成熟早,一般10~12月龄开始发情,母牛初配年龄多在1.5~2周岁,终生可产犊7~8头,最高可达15头,产后第一次发情平均为35天。公牛一般2~2.5岁开始配种,利用年限5~7年。鲁西牛目前主要向肉用方向改良。

◆ 南阳牛

产于河南省南阳地区白河和唐河流域的广大平原地区。南阳牛毛色多为黄、红、草白3种,眼圈、腹下、四肢下部毛色较浅。体格高大,鬐甲较高,背腰平直,肋骨明显,四肢端正、蹄大、坚实。公牛以萝卜角居多,母牛角细短。成年公牛平均体重594千克,体高141厘米;成年母牛平均体重381千克,体高124厘米(图2-28、图2-29)。

图2-28 南阳牛(公)

图2-29 南阳牛(母)

南阳牛公牛育肥后,1.5岁的平均体重可达441.7千克,日增重813克,屠宰率为55.6%。3~5岁阉牛强度育肥后，屠宰率为 64.5%，净肉率为 56.8%，眼肌面积为 95.3 厘米²。南阳牛 6～8 个月的泌乳量为 600～800 千克，乳脂率为 4.5%～7.5%。母牛初情期 8～12 月龄，初配年龄约 2 岁，产后初次发情约 77 天。公牛 1.5～2 岁开始配种，利用年限 5～7 年。南阳牛在东北严寒地区和南方炎热地带均有较强的适应性，抗病力强，耐粗饲。该牛已被我国 22 个省区引入，与当地黄牛杂交，杂交效果良好。

◆ 延边牛

原产于朝鲜和我国吉林省延边朝鲜族自治州，分布于吉林、辽宁及黑龙江等地。延边牛体格粗壮，体质结实，被毛长而密，皮厚而有弹性，蹄大、圆而结实，能在水田中耕作。公牛角为一字形或倒八字，母牛多呈龙门角。毛色呈浓淡不同的黄色，鼻镜一般呈淡褐色。成年公牛平均体重 465 千克，体高 131 厘米；成年母牛平均体重 365 千克，体高 122 厘米（图 2-30、图 2-31）。

图 2-30　延边牛（公）　　　　　图 2-31　延边牛（母）

该牛肉用性能良好，18 月龄公牛经 180 天育肥，平均屠宰率为 57.7%，净肉率为 47.23%，肉质相当好。成年牛泌乳期 6～7 个月，泌乳量 500～700 千克，乳脂率为 5.5%～6.8%。在良好饲养条件下，泌乳量最高可达 1 500～2 000 千克，乳脂率为 5.6%。母牛初情期 8～9 月龄，初配年龄 20～24 月龄。公牛 14 月龄可配种，利用年限 5～7 年。

延边牛耐粗饲，抗寒力强，适宜林间放牧，适应水田作业，对山区平原均能适应，但目前存在体重较轻、后躯和乳房发育差等缺点，可采用本品种选育方法加以改进。

◆ 蒙古牛

原产于内蒙古高原地区。中等体型，头短宽而粗重，角长，向上前方弯曲，呈蜡黄或青紫色。鬐甲低平，胸狭而深，背腰平直，后躯短窄，尻部倾斜。四肢短，蹄质坚实。皮肤较厚，皮下结缔组织发达。毛色多为黑色或黄褐色。

成年公牛体高 114～121 厘米，体重 350～450 千克，母牛体高 112.4 厘米，体重 206～375 千克（图 2-32、图 2-33）。

图 2-32　蒙古牛（公）　　　　图 2-33　蒙古牛（母）

蒙古牛的肉用性能依产区植被及季节有 5%～12% 的差异。中等营养水平的阉牛屠宰率可达 53.04%，净肉率为 44.6%，脂肪沉积的能力较强。母牛 100 天平均产乳量 518 千克，平均乳脂率为 5.22%，最高可达 9%。蒙古牛繁殖率一般为 50%～60%，母牛季节性发情一般开始于 4 月，止于 11 月。初情期通常为 8～12 月龄，2 岁开始配种。公牛 2 岁时开始配种。蒙古牛耐热、抗寒、耐粗

饲、耐劳、适应性强，但后躯发育差、成熟晚等缺点需
要改良。

中国培育品种

◆ 中国西门塔尔牛

毛色为黄白花或红白花，但头、胸、腹下和尾帚多
为白色，体型中等，蹄质坚实，乳房发育良好，耐粗饲，
抗病力强。成年公牛活重800～1 200千克，母牛600千
克左右（图2-34、图2-35）。

图2-34　中国西门塔尔牛（公）　　图2-35　中国西门塔尔牛（母）

中国西门塔尔牛305天泌乳量达4 000千克以上，
乳脂率为4%以上。中国西门塔尔牛适应范围广，适宜
舍饲和半放牧条件，产奶性能稳定，乳脂率和干物质
含量高，生长快，胴体品质优异，并有良好的役用性
能。

◆ 中国草原红牛[①]

主要分布于吉林省白城地区、内蒙古的赤峰市和锡
林郭勒盟、河北省张家口地区等高寒地区。被毛多为深
红色或红色，鼻镜多呈粉红色。头较轻，大部分有角，
角多向前外方弯曲，呈倒八字。颈肩宽厚，胸宽深，背
腰平直，中躯发育良好，后躯略低，斜尻较多。乳房发
育一般。成年活重：公牛700～800千克，母牛482千
克。犊牛初生重：公犊31.3千克，母犊29.6千克（图

①中国草原红牛
是兼用短角牛与蒙
古牛杂交选育而
成。于1985年经
验收正式命名，并
制定了国家标准。

2-36、图 2-37)。

图 2-36　中国草原红牛（公）　　　　图 2-37　中国草原红牛（母）

中国草原红牛主要以放牧为主，其产乳量变化大，泌乳期约 7 个月，一般平均泌乳量为 1 809 千克，乳脂率为 4%。若改善饲养管理条件，产乳量即可提高。该品种产肉性能好，18 月龄阉牛，以放牧育肥，屠宰率为 50.84%，净肉率为 40.95%，经短期育肥的牛屠宰率和净肉率分别达 58.1% 和 49.5%，肉质良好，肌间脂肪沉积良好并呈大理石纹。

中国草原红牛耐粗放管理，适应性好，发病率低，但由于当地饲养管理水平低，未能充分发挥正常的生产性能。外形上有斜尻、乳房前后大小不均等缺点，还要通过进一步选育或导入杂交提高其产肉性能和泌乳性能。

◆ 三河牛

产于呼伦贝尔市，是内蒙古地区培育的乳肉兼用优良品种。它由蒙古牛与西门塔尔牛等十多个乳用及乳肉兼用品种杂交育成。

三河牛毛色以红（黄）白花为主，花片分明。头白色或额部有白斑，四肢膝关节、腹下部及尾帚下端呈白色。头清秀，有角，稍向上向前弯曲。颈细，长短适中，背腰平直。四肢结实，但后躯发育欠佳。乳房发育中等（图 2-38、图 2-39）。成年公牛和母牛体重分别为 1 050

图 2-38 三河牛（公）

图 2-39 三河牛（母）

千克和 547.9 千克，成年公牛体高和母牛体高分别为
156.8 厘米和 131.8 厘米。

三河牛经过多年的选育，具有体大结实、耐寒、易
放牧、适应性强、乳脂率高、产奶性能好等特点。一般
年平均泌乳量 2 000 千克，在较好饲养管理条件下，可
达 4 000 千克，乳脂率为 4%以上。产肉性能好，在放牧
条件下，屠宰率为 54%，净肉率为 45.6%。20～24 月龄
初配。

三河牛由于来源复杂，还存在体型不一致、后躯发
育较差等缺点。

◆ 新疆褐牛[1]

主要产于新疆天山北麓的西端伊犁地区和准噶尔的
塔城地区，是草原型乳肉兼用品种。新疆褐牛毛色呈褐
色，深浅不一，多数个体有白色或黄色的口轮和背线。
眼睑、鼻镜、尾梢和蹄呈深褐色。角中等大小，向侧前
上方弯曲，呈半圆形。体格中等，结构匀称。颈长短适
中，颈肩结合良好。胸部宽深，背腰平直，尻方正，乳
房发育良好。成年公牛体重 700～900 千克，母牛 430～
520 千克（图 2-40、图 2-41）。

新疆褐牛泌乳量为 2 100～3 500 千克，乳脂率为
4.03%～4.08%，乳干物质含量为 13.5%。产肉性能良
好，在放牧条件下，中上等膘度的公牛，屠宰率为
48%～52%，净肉率为 36%～41%。经育肥后的阉牛，屠

[1]新疆褐牛是瑞
士褐牛和含有瑞士
褐牛血统的阿拉塔
乌牛与当地哈萨克
牛长期杂交选育而
成。

图 2-40　新疆褐牛（公）

图 2-41　新疆褐牛（母）

宰率为52.5%，净肉率为 41.8%。以新疆褐牛改良本地黄牛，产奶性能有显著提高，杂种一代可提高 42%，杂种二代可提高 80%。

3. 肉牛生产力评定

▶ 影响产肉性能的因素

肉牛的生产能力受品种与类型、营养水平、年龄、性别及杂交等因素影响。

◆ 品种与类型①

品种与类型主要反映其遗传特征，是影响肉牛生产能力的主要因素之一。不同品种、不同类型的肉牛，其体组织的生长形成和在相同饲养条件下的生长发育有不同的特点，其饲养和育肥技术有所差异。体格越大，肉用体型越明显，其产肉能力也越强（图 2-42）。如小型早熟肉牛品种（海福特牛）生长快，容易在体内沉积脂肪，得到大理石纹等级高的优质肉，适合早期育肥、早屠宰，而大型晚熟品种（如夏洛来牛）要达到与小型早熟肉牛品种相同的肉质等级所需的饲养期长，适合中期或中晚期育肥（图2-43）。

◆ 营养水平

营养水平影响肉牛的产肉性能，同时影响饲料利用

①肉牛按成熟性分为早熟品种和晚熟品种，根据体型大小分为大型品种、中型品种和小型品种。

图 2-42　肉牛体格大小评定

A.体格极大的公牛　B.体格极小的公牛

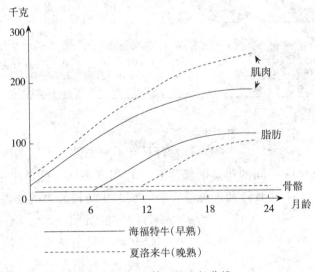

图 2-43　牛体组织生长曲线

率。据左福元等（2006）研究，不同营养模式对利木赞杂交牛的胴体质量和饲料利用率的影响，发现对于胴体性状（表 2-1、表 2-2），以高–高组最高，其次是低–高，中–中组最低。低–高营养模式组饲料利用率最好，养殖利润最高，且肉质能达到优一级标准，建议在生产中推广利用。

表2-1　营养模式对胴体质量的影响

组　　别	高-高	高-中	中-中	低-高
样本数	4	5	4	5
屠宰体重（千克）	386.38±29.04	359.00±21.82	350.00±25.22	370.70±42.0
屠宰率（%）	57.50±0.83	56.93±0.72	55.72±2.17	57.00±1.77
净肉率（%）	46.38±1.35	45.55±0.76	45.10±1.28	45.36±1.04
背膘厚度（厘米）	1.16±0.81	1.11±0.37	0.86±0.29	1.04±0.36
眼肌面积（厘米^2）	117.94±2.33	102.41±7.23	100.12±2.61	103.38±4.12
脂肪重（千克）	10.81±3.24	9.12±1.55	9.10±0.45	9.88±2.96
高档肉重（千克）	26.41±2.49	24.72±1.67	21.64±2.05	24.72±1.15
高档肉比	11.89±0.05	12.10±0.03	10.26±0.06	11.72±0.13

表2-2　营养模式对饲料利用率的影响

模　　式	高-高	高-中	中-中	低-高
样本数	4	5	4	5
混合精料每千克增重（千克）	5.42±1.66	5.02±1.14	4.37±2.03	3.88±1.11
总干物质每千克增重（千克）	13.24±3.39	15.01±2.92	13.51±2.45	11.39±3.32
粗蛋白每千克增重（千克）	1.75±0.05	1.74±0.12	1.58±0.13	1.46±0.07
综合净能每千克增重（兆焦）	74.88±6.88	82.18±5.89	74.11±5.05	61.90±4.25

◆ 年龄

　　牛的生长发育具有不平衡性，不同的组织器官在不同的年龄时段生长发育速度不同。低龄牛主要是肌肉、骨骼和内脏器官的增长，年龄较大牛的增重主要是脂肪组织的沉积（图2-44），所以牛的年龄对其增长速度、肉的品质和饲料报酬有很大影响（表2-3）。幼龄牛的肌纤维细，水分含量高，脂肪含量少，肉色淡。肉牛的年龄越大，其增重速度就越慢，饲料报酬也越低。发达国家的肉牛一般在1.5岁左右就要进行屠宰，我国地方品种的肉牛成熟较晚，在2岁左右进行

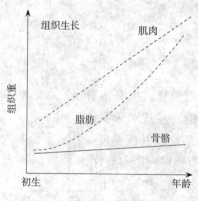

图2-44　年龄对肉牛体组织生长的影响

表 2-3　不同年龄肉牛的增重与饲料转化率

组　别	头数	增重 （千克）	平均日增重 （千克）	干物质采食量 （千克）	料重比
（2±0.5）岁	8	165.50±28.73	1.226±0.213	1 520.99	9.19
（3±0.5）岁	9	151.34±26.41	1.121±0.196	1 514.85	10.01
（4±0.5）岁	8	124.37±25.16	0.921±0.186	1 421.29	11.43
5～9 岁	9	120.34±21.22	0.891±0.157	1 476.61	12.20

屠宰。

◆ 性别

肉牛的性别与牛肉的产量和质量有很大关系。母牛的生长育肥速度最慢，但它的肉结缔组织少而纤维细，风味最好；公牛比阉牛有更好的生长率和饲料转化率，育肥速度最快，公牛的瘦肉更多，屠宰率和眼肌面积较大，但牛肉结缔组织多、纤维粗糙，风味较差。随着胴体重量的增加，脂肪沉积能力母牛最快，阉牛次之，公牛最慢（图2-45）。采用公牛或阉牛育肥，因饲养方式和饮食习惯而异。若肉牛胴体质量等级中脂肪沉积为重要依据，宜养母牛和阉牛为主，如美国；若在肉食习惯上喜食瘦肉，应以养公牛为主，如欧共体；亚洲国家讲究吃肥牛，以养阉牛为主。生产高档牛肉的公牛阉割时间一般在 3～4 月龄。

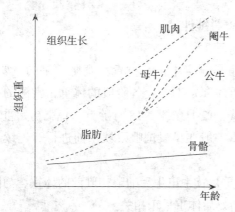

图 2-45　性别对肉牛体组织生长的影响

◆ 杂交

无论品种间的经济杂交还是改良性杂交，其后代均表现出良好的杂种优势。研究表明：肉牛品种间杂交，其后代生长速度、饲料转化率、屠宰率和胴体产肉率等明显增加，较原纯种牛多产肉 10%～15%，甚至高达 20%。左福元（2006）等用利木赞、德国黄牛、红安格斯、金黄阿奎顿、黑安格斯、海福特牛、矮脚牛、西门塔尔牛 8 个肉用品种及肉乳兼用品种与川南山地黄牛杂交，其后代在各月龄的体重均高于本地黄牛，初生重较本地牛提高 4.41%～28.74%，且不同杂交组合对屠宰性能影响较大（表 2-4）。

表 2-4　不同杂交组合 F_1 代屠宰性能比较

项　目	红杂牛	安杂牛	德杂牛	海杂牛	矮杂牛
宰前重（千克）	403.33±39.58	322.17±32.37	395.88±60.05	325.50±55.68	241.17±21.06
屠宰率（%）	54.80±2.47	54.61±6.22	54.39±1.22	49.28±1.49	45.74±2.79
净肉率（%）	43.83±2.21	43.07±5.27	44.80±2.70	38.33±2.46	35.83±3.09
胴体产肉率（%）	79.97±0.61	79.03±1.76	82.33±3.47	77.90±1.06	77.93±1.82
眼肌面积（厘米²）	89.33±9.02	71.67±4.04	82.67±20.03	67.33±6.51	62.00±6.00
优质牛肉比（%）	11.97±0.92	11.33±0.85	10.67±0.29	10.33±0.51	9.77±0.74

肉牛生产性能评定

◆ 生长速度

日增重是测定牛生长发育和育肥效果的重要指标，测定日增重时要定期测定各阶段的体重，常测的有初生重、断奶重、12 月龄重、18 月龄重、育肥初始重、育肥末重。称重一般在早晨饲喂及饮水前进行，连续 2 天取平均值。

【初生重】犊牛出生后哺喂初乳前的体重，与哺乳期日增重和断奶后体重呈正相关。

【断奶重】犊牛断奶时的体重（断奶重）反映犊牛的

生长速度和母牛的泌乳能力。断奶日龄：国外 205 天，国内 210 天或 205 天。

校正的断奶重 = ［（断奶重 – 初生重）/ 实际断奶日龄］× 校正的断奶天数 + 初生重

由于母牛泌乳力直接影响犊牛的生长速度，而泌乳力又随母牛年龄发生变化，故计算校正断奶重时要考虑母牛的年龄因素，可把犊牛断奶重调整到标准年龄，以排除该性状的大部分环境变异，其计算公式为：

校正的断奶重 ={［（断奶重 – 初生重）/ 实际断奶日龄］× 校正的断奶天数}× 母牛的年龄因素 + 初生重

母牛的年龄因素：2 岁 =1.15，3 岁 =1.10，4 岁 =1.05，5 ~ 10 岁 =1.0，11 岁以上 =1.05。

【哺乳期日增重】指断奶前犊牛平均每天增重量。

哺乳期日增重 = （断奶重 – 初生重）/ 断奶时日龄

◆ 育肥性能

育肥能力主要由育肥期日增重和饲料报酬表示。育肥末重和育肥始重应在育肥牛育肥开始和结束时各连续 3 天早晨空腹称重，以 3 天称重的平均数为期末体重和始重。

【育肥期日增重】表示在育肥时期内增重和脂肪沉积的能力。

育肥期日增重 = （育肥末重 – 育肥始重）/ 育肥天数

【饲料报酬】是衡量经济效益和品种质量的一项重要指标，可作为考核肉牛经济效益的指标。

增重 1 千克消耗干物质（千克）= 饲养期间消耗的饲料干物质总量 / 饲养期间总增重

生产 1 千克净肉需饲料干物质（千克）= 饲养期间消耗的饲料干物质总量 / 屠宰后的净肉重

◆ 宰前评定

牛体屠宰前可用目测和触摸评定膘情等级。目测主要观察牛体的大小、体躯宽窄与深浅度、腹部状态、肋骨长度与弯曲程度以及垂肉、肩、背、腰角等部位的肥满和肌肉附着情况。触摸是以手触测各主要部位的肉层厚薄和脂肪沉积程度。

通过膘情和肌肉度评定，可初步估计活牛体重及产肉量，但必须有丰富的实践经验，才能掌握得比较准确。

宰前膘情和肌肉度评定标准可按图2-46、图2-47评定。

◆ 屠宰测定

屠宰测定能直接地反映肉牛的生产水平，尤其是牛

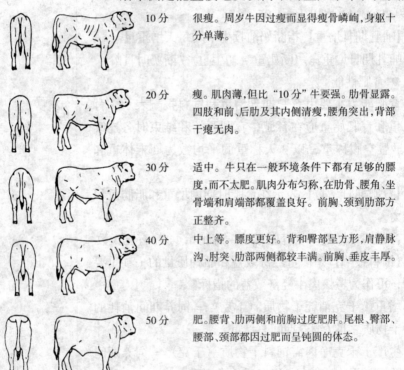

10分 很瘦。周岁牛因过瘦而显得瘦骨嶙峋，身躯十分单薄。

20分 瘦。肌肉薄，但比"10分"牛要强。肋骨显露。四肢和前、后肋及其内侧清瘦，腰角突出，背部干瘪无肉。

30分 适中。牛只在一般环境条件下都有足够的膘度，而不太肥。肌肉分布匀称，在肋骨、腰角、坐骨端和肩端部都覆盖良好。前胸、颈到肋部方正整齐。

40分 中上等。膘度更好。背和臀部呈方形，肩静脉沟、肘突、肋部两侧都较丰满。前胸、垂皮丰厚。

50分 肥。腰背、肋两侧和前胸过度肥胖。尾根、臀部、腰部、颈部都因过肥而呈钝圆的体态。

图2-46 膘情评定示意

10 分	肌肉很不发达，前肢和后膝很清瘦，腰背肌肉贫乏。体躯狭窄，后躯瘦骨嶙峋。	
20 分	肌肉不发达，属下等肌肉度。周岁牛显得瘦而纤细。	
30 分	肌肉度中等。四肢上部肌肉发育良好，前、后肢站立姿势宽敞自然，腰尻丰满适中。	
40 分	肌肉丰硕。自胸后、肩胛和中躯肌肉束很明显，臀弯圆周满，下延至飞节。	
50 分	双肌肉。尾根基部丰圆无沟，前胸突出，肩胛和臀部肌肉间沟明显，其他部分肌肉也很丰厚。	

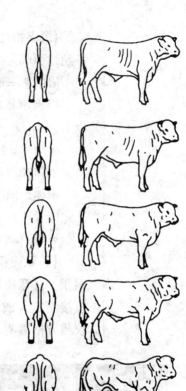

图 2-47　肌肉度评定

肉的质量。2001 年由南京农业大学牵头制定的牛肉等级标准，使肉牛的屠宰逐步向规范化、标准化方向发展。

【宰前重】指绝食 24 小时后的活重。

【宰后重】指屠宰放血后的重量。

【胴体重】指放血后除去头、尾、皮、四肢和内脏外的躯体重量。在国内，胴体重包括肾脏及肾周围脂肪重。

【净体重】指放血后，再除去胃肠及膀胱内容物的重量。

【净肉重】指胴体剔除骨、脂肪后的全部重量。

【屠宰指标的计算】指胴体占活重的比率，肉牛屠宰率超过 50% 为中等指标，超过 60% 为高指标。

屠宰率 = 胴体重 / 宰前重 × 100%

净肉率指净肉重占宰前重的比率，良好肉牛在 45% 以上。

净肉率 = 净肉重 / 宰前重 × 100%

胴体产肉率为净肉重占胴体重的比率。

胴体产肉率 = 净肉重 / 胴体重 × 100%

肉骨比指胴体中肉重与骨重的比值。

◆ 胴体等级评定

【眼肌面积】指第十二肋骨后缘背最长肌横切面的面积。注意横切面要与背线保持垂直。可用眼肌面积板直接测定，或用硫酸纸将眼肌描出（描 2 次），用求积仪或方格透明卡片算出眼肌面积（图 2-48）。

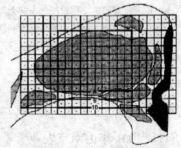

图 2-48　眼肌面积测定

【大理石纹】肌肉中脂肪分布情况，形状似大理石花纹，是显示肉中肥瘦程度的指标，是牛肉等级评定中的重要指标，我国推荐的牛肉等级标准将大理石花纹等级分为 5 个等级：5 级、4 级、3 级、2 级、1 级。5 级为极丰富、4 级为丰富、3 级为中等、2 级为少量、1 级为几乎没有（图 2-49）。美国大理石纹评分等级标准见图 2-50。

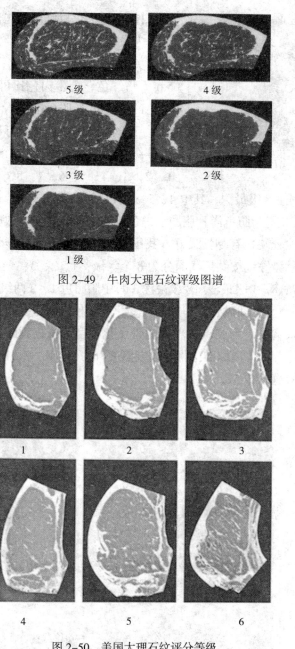

图 2-49　牛肉大理石纹评级图谱

图 2-50　美国大理石纹评分等级

1.轻度　2.少量　3.中等　4.适度　5.稍丰富　6.很丰富

图 2-51　肉色评定

【肉色】肉色以鲜樱桃红色、有色泽为最好。肉色与pH、性别和年龄有关。pH≤5.6 为鲜红色，pH＞5.6 为暗红色，公牛肉色比母牛深。肉色的评定可参照标准进行（图 2-51）。我国推荐的牛肉等级标准将肉色等级按颜色深浅分为 8 个等级：1、2、3、4、5、6、7、8，1 级最浅、8 级最深，其中 4、5 级肉色最好。

【脂肪色泽】脂肪以白色、有光泽、厚实、致密、质地较硬、有黏性最好。我国推荐的牛肉等级标准将脂肪色泽等级按颜色浅深分为 8 个等级：1、2、3、4、5、6、7、8，1 级最浅、8 级最深，其中脂肪色 1、2 两级最好。

【生理成熟度】以门齿变化和脊椎骨（主要是最后三根胸椎）棘突末端软骨的骨质化程度为依据判断。我国推荐的牛肉标准中将生理成熟度分为 A、B、C、D、E 五级（图 2-52，表 2-5）。

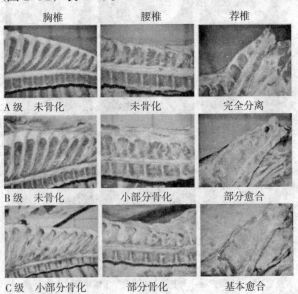

胸椎	腰椎	荐椎
A 级　未骨化	未骨化	完全分离
B 级　未骨化	小部分骨化	部分愈合
C 级　小部分骨化	部分骨化	基本愈合

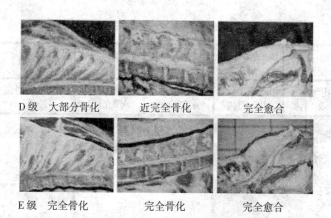

D级　大部分骨化　　近完全骨化　　完全愈合

E级　完全骨化　　　完全骨化　　　完全愈合

图2-52　生理成熟度评定等级

表2-5　生理成熟度与年龄的关系

项　目	A	B	C	D	E
	24月龄以下	24～36月龄	36～48月龄	48～72月龄	72月龄以上
牙齿	无或出现第一对永久门齿	出现第二对永久门齿	出现第三对永久门齿	出现第四对永久门齿	永久门齿磨损较重
脊椎	明显分开	开始愈合	愈合，但有轮廓	完全愈合	完全愈合
腰椎	未骨化	一点骨化	部分骨化	近完全骨化	完全骨化
胸椎	未骨化	未骨化	小部分骨化	大部分骨化	完全骨化

　　胴体质量等级主要由大理石花纹和生理成熟度两个因素决定，在我国推荐的牛肉等级标准中将胴体质量等级分为特级、优一级、优二级和普通级四级。

　　胴体产量等级以分割肉重确定。分割肉重可根据胴体重和眼肌面积进行推算，其推算公式为：

　　分割肉重（千克）=-5.939 5+0.400 3×胴体重（千克）+0.187 1×眼肌面积（厘米^2）

　　我国推荐的牛肉等级标准中将胴体产量等级分为五级（表2-6）：

　　1级：分割肉重≥131千克；

　　2级：121千克≤分割肉重≤130千克；

表2-6　等级判断

大理石纹等级	A（12~24月龄） 无或出现第一对永久门齿	B（24~36月龄） 出现第二对永久门齿	C（36~48月龄） 出现第三对永久门齿	D（48~72月龄） 出现第四对永久门齿	E(72月龄以上) 永久门齿磨损较重
5级（极丰富）	特　级				
4级（较丰富）		优　级			
3级（中等）			良好级		
2级（少量）				普通级	
1级（几乎没有）					

3级：111千克≤分割肉重≤120千克；

4级：101千克≤分割肉重≤110千克；

5级：分割肉重≤100千克。

◆ 繁殖性能

衡量牛群的繁殖性能通常应用下述指标：

【受配率】指受配母牛数占适配母牛数的比率。肉牛群母牛受配率要求达到80%以上。

受配率＝（受配母牛数/适配母牛数）×100%

【总受胎率】指一个年度内受胎母牛头数占配种母牛头数的比率。肉牛群总受胎率要求在95%以上。

总受胎率＝（年内受胎母牛头数/年内配种母牛的总头数）×100%

【情期受胎率】指妊娠母牛头数占总配种情期数的比率。一般要求55%以上。

情期受胎率＝（年受胎母牛头数/总配种情期数）×100%

【第一情期受胎率】表示第一次配种就受胎的母牛数占第一情期配种母牛总数的百分率。

第一次情期受胎率 =（第一次情期受胎母牛头数 / 第一情期配种母牛总数）×100%

【配种指数】指母牛每次受胎平均所需的配种次数。

配种指数 =（受胎母牛配种的总情期数 / 妊娠母牛头数）×100%

【产犊率】牛群产犊率要求在90%以上。

产犊率 =（本年度出生犊牛总数 / 上年度末成年母牛头数）×100%

【平均产犊间隔】牛群平均产犊间隔要求在13个月以下。

平均产犊间隔 =（总个体产犊间隔 / 产犊母牛总数）×100%

【犊牛成活率】指出生后3个月时成活的犊牛数占产活犊牛数的百分率。

犊牛成活率 =（出生后3个月犊牛成活数 / 总产活犊牛数）×100%

4. 肉牛的选育与改良

肉牛的选育直接影响肉牛群体的数量和质量，决定着肉牛生产性能的高低及产品品质的优劣，同时也关系着肉牛生产的效率和效益。为了提高现有肉牛的质量，培育新品种和充分利用杂种优势，使生长速度和产肉量有较大提高，需对现有品种进行选育和改良。

➤ 肉牛的选种

选种即选择优良的个体作为种用，其目的就是把种畜的优良特性在后代中不断巩固与加强。典型肉用牛体躯呈长方形，颈粗短，胸宽深，背腰平直，尻部长、宽、平、方，肌肉丰满，四肢较短，皮肤较厚而松软，毛密、有光泽（图2-53、图2-54）。

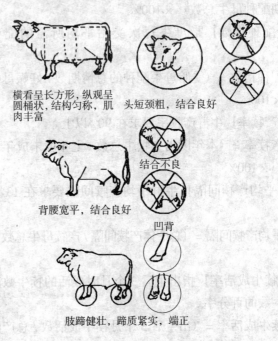

横看呈长方形，纵观呈圆桶状，结构匀称，肌肉丰富

头短颈粗，结合良好

结合不良

背腰宽平，结合良好

凹背

肢蹄健壮，蹄质紧实，端正

图2-53 肉用牛的体型外貌

图2-54 肉牛体型模式

◆ 肉牛的选育性状

肉牛选育的主要性状包括种公牛、母牛的生长发育和肉牛的育肥性能。肉牛重要经济性状的遗传力①见表2-7。

①遗传力：表示数量性状的遗传能力。

表2-7　肉牛重要经济性状的遗传力

重要经济性状	性状遗传力	重要经济性状	性状遗传力
成年母牛体重	0.50	胴体重	0.25
产犊间隔	0.10	屠宰率	0.40
顺产性	0.10	胴体等级	0.45
犊牛成活力	0.10	眼肌面积	0.40
初生重	0.30	皮下脂肪厚度	0.45
断奶重	0.25	大理石纹	0.40
断奶后日增重	0.30	瘦肉率	0.55
育肥期日增重	0.50	肉骨比	0.60
周岁重（育肥场）	0.40	柔嫩度	0.30
周岁重（牧场）	0.35	同期体重体高比（BPI）	0.60

【生长发育性状】不同牛种在规定的年龄阶段要求达到的体尺体重不同，可由此来衡量牛达到哪一个等级，作为选种的重要依据。牛的体尺体重测量一般在初生、断奶、周岁、1.5岁、2岁、3岁及成年进行，体尺体重测量方法见表2-8、图2-55至图2-57。

表2-8　体尺测量的部位与方法

测量项目	测　量　方　法	测量工具
体　高	鬐甲最高点到地面的垂直距离	测杖
体直长	肩胛前缘（肱骨突）与坐骨结节间的水平距离	测杖
体斜长	肩端（即肱骨突）前端至同侧坐骨结节后缘间的距离	测杖或卷尺，注明
胸　围	肩胛骨后缘处体躯的水平周径，其松紧度以能插入食指和中指自由滑动为准	卷尺
胸　宽	沿两肩胛缘量胸部最宽的距离	测杖
胸　深	沿着肩胛骨后角，从鬐甲至胸骨间的垂直距离	测杖
管　围	前肢掌骨上1/3处（最细处）的周径	卷尺
腰角宽	两腰角外缘间的距离	测杖
尻　长	腰角前缘至坐骨结节后缘间的距离	测杖

(续)

测量项目	测量方法	测量工具
腰　高	两腰角连线之中央至地面的垂直距离，又称十字部高	测　杖
尻　高	荐骨最高点至地面的垂直距离	测　杖
臀端高	坐骨结节至地面的垂直距离，又称坐骨结节高	测　杖

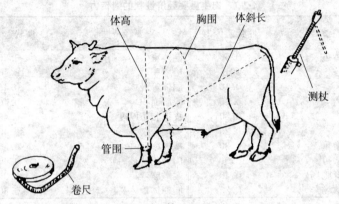

图 2-55　体尺测量（一）

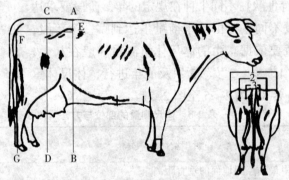

图 2-56　体尺测量（二）

AB.腰高　CD.荐高　EF.尻长　FG.臀端高

1.腰角宽　2.髋宽　3.坐骨端宽

　　牛的活重在有条件的地方可用地磅直接称量，没有条件的可根据膘情大致判断，或用体尺来估算。

　　活重＝胸围²（厘米）×体斜长（厘米）/11 420（适用于黄牛）

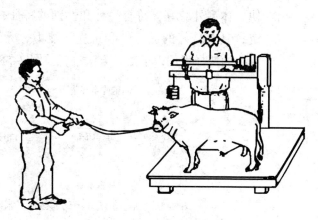

图 2-57　肉牛称重

活重 = 胸围^2（米）×体直长（米）×100（适用于肉牛）

活重 = 胸围^2（米）×体直长（米）×87.5（适用于奶牛和乳肉兼用牛）

活重 = 胸围^2（厘米）×体斜长（厘米）/12 000（18月龄的牛）

活重 = 胸围^2（厘米）×体斜长（厘米）/12 500（6月龄的牛）

【育肥性能和胴体品质】主要包括日增重、饲料报酬、屠宰率、净肉率、眼肌面积、瘦肉率和大理石纹等。

【体型外貌】不同类型、不同品种的牛各自的外形特征及特点不同，如毛色、角形等质量性状，它反映了品种的特性和纯度，不可忽视。

【适应性和抗病力】针对不同地区的环境差异，选择适应当地环境的牛种。如热带与亚热带的普通牛与瘤牛的杂种后代耐热与抗焦虫的能力更强，生产潜能得到更大发挥。

◆ 选择方法

优良种牛应具备以下条件：生产性能高、生长发育快，体型外貌好，符合品种和性别的特征，遗传性能稳定，具有良好的适应性和抗应激能力，无遗传性疾病。种牛的选择可用以下四种方法进行（图2-58）。

图2-58　种用价值评定的遗传信息来源

【本身的表现】根据种牛个体本身一种或若干种性状的表型值判断其种用价值，从而确定个体是选留还是淘汰。

【系谱资料】①根据系谱记载的祖先资料，如生产性能、生长发育及其他相关资料，进行分析评定的方法。

【同胞资料】②根据半同胞或全同胞性能选种。

【后裔资料】后裔是种牛基因型是否优良的活见证，所以对后裔鉴定应有足够的重视。

肉牛的选配

选配是在选种的基础上进行的，根据鉴定和后裔测定的结果安排公、母牛交配，使双亲的优良特征、特性和生产性能结合到后代身上。

◆ 同质选配③

为了巩固和发展某些优良性状，选择具有相似性状的公母牛交配。如体格高大的公牛与体格高大的母牛交配。

◆ 异质选配

多用于结合公、母牛双方不同的优良性状，如生长速度快的公牛与胴体品质好的母牛交配；交配一方纠正另一方的缺点，如背腰平直公牛与背腰凹陷的母牛交配。

①系谱选择即根据祖先资料如生产性能、生长发育及其他相关资料进行分析评定。祖先中以父母亲品质的遗传性能对后代影响最大，其次为祖父母，再次为曾祖代。

②肉牛胴体品质等性状更适于同胞选择，这些性状从种畜本身不可能直接测得。

③在育成杂交后期，牛群的外貌及生产性能参差不齐，这时可采用同质选配，使牛群更一致。

66

◆ 亲缘选配①

根据公、母牛亲缘关系远近来安排交配组合。亲缘选配应有目的地进行。

肉牛的育种

肉牛的育种方法包括本品种选育和杂交育种，近20~30年还开展了综合系繁育的新方法。

◆ 本品种选育②

本品种选育一般适用于以下牛群：

【地方良种】具有较一致的体型外貌和较高的生产性能以及稳定的遗传性，还需提高和巩固某些优良的特征特性，如秦川牛。

【培育的优良品种】经过培育已有高度专门的生产性能及稳定的遗传性，还需增加数量，保持品种特性，不断提高品质。

【引进品种的保种】如由国外引进的西门塔尔牛、安格斯牛。

【杂交种】进入到横交固定阶段以后，需要固定优良性状，使全群质量进一步提高并趋于整齐。

本品种选育主要包括：

近亲繁育③：具有相同亲缘关系的公、母牛进行交配，可迅速巩固优良性状。

品系繁育④：在一个品种内建立若干个品系，每个品系都有独特的特点，以后通过不同品系间的结合使牛群得到多方面的改良。

◆ 肉牛的杂交改良

我国的牛种资源丰富，但牛体格小，日增重低，这需要引入外来品种对其进行杂交改良，以获得体型好、生产性能高，又能适应当地环境条件的后代。肉牛常用的杂交方法包括：

【级进杂交】级进杂交是用优良高产品种改良低产品

①亲缘选配的目的是固定优良性状，淘汰有害基因，保持优良祖先的血统。

②本品种选育指本品种内部通过交配繁殖、提纯选优和定向培育等措施，保持和提高品种固有的优良特性和生产性能，并针对原品种存在的个别缺点加以改进，使之得以发展和提高的一种育种方法。

③近交时注意选优去劣，进行严格的选择和淘汰。

④品系是指一群具有突出优点，并能将这些突出优点相对稳定地遗传下去的种畜群。

种的常用方法。育种方法是本地母牛与外来品种公牛交配，所生杂种一代母牛，再与此外来品种公牛交配，这样一代代配下去，直到获得所需要的性能为止，然后在杂种间选出优良的公牛与母牛进行自群繁殖。一般级进的代数以 3~4 代为宜。

我国的乳肉兼用品种——草原红牛是蒙古牛与短角牛级进杂交培育而成的（图 2-59）。

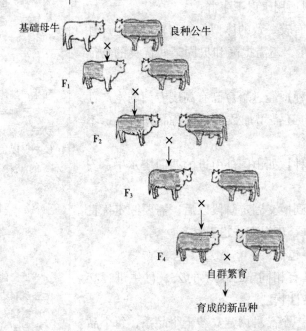

基础母牛 良种公牛

F₁

×

F₂

×

F₃

×

F₄

×

自群繁育

育成的新品种

图 2-59　级进杂交示意图

【导入杂交】当一个品种的性能基本满足要求，只有个别性状仍有缺点，这种缺点用本品种选育法又不易得到纠正时，就可选择一个理想品种的公牛与需要改良某个缺点的一群母牛交配，以纠正其缺点，使牛群趋于理想（图 2-60）。

【育成杂交】育成杂交又叫创造性杂交，它是通过杂交来培育新品种的方法。两个或两个以上的品种进行

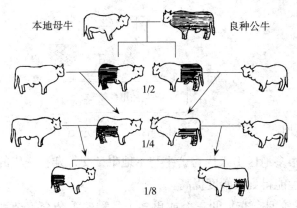

图 2-60　导入杂交示意图

杂交，使后代同时结合几个品种的优良特性，扩大变异的范围，显示出多品种的杂交优势，并且还能创造出亲本所不具有的新的有益性状，提高后代的生活力，增加体尺和体重，改进外形缺点，提高生产性能（图 2-61）。

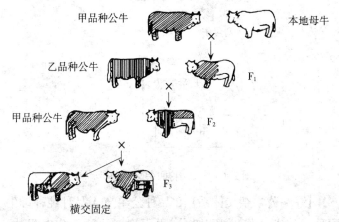

图 2-61　育成杂交示意图

【经济杂交】经济杂交包括简单经济杂交[1]和复杂经济杂交[2]。两个以上品种杂交，所产杂种后代，不论公、母均不留作种用，全部作商品用（图 2-62、图 2-63）。

① 简单经济杂交：指两个品种间的经济杂交。

② 复杂经济杂交：指多个品种间的经济杂交。

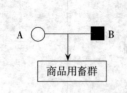

图 2-62　二元杂交示意图

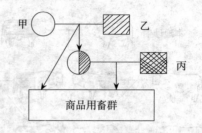

图 2-63　三元杂交示意图

我国很多地区引入优秀公牛与本地牛杂交，杂种一代的生产性能得到大幅度提高。

【轮回杂交】两三个或更多个品种轮番杂交，杂种母畜继续繁殖，杂种公畜供经济利用（图 2-64、图 2-65）。轮回杂交能使杂交后代都保持一定的杂种优势。据报道，两品种和三品种轮回杂交可分别使犊牛活重平均增加15%和 19%。

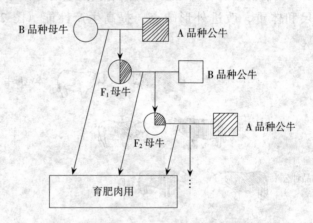

图 2-64　二元轮回杂交示意图

【终端公牛杂交体系】B 品种公牛与 A 品种纯种母牛配种，将杂一代母牛（BA）再用第三品种 C 公牛配种，所生杂种二代，不论公、母全部育肥出售，不再进一步杂交。这种停止在最终用 C 品种公牛的杂交，就称为终端公牛杂交体系，其优点是能使各品种优点相互补充而

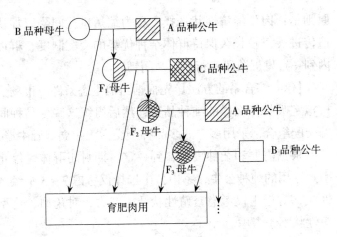

图 2-65　三元轮回杂交示意图

获得较高生产性能（图 2-66）。

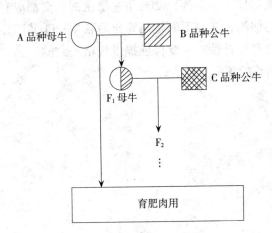

图 2-66　终端公牛杂交体系示意图

◆ 综合系[①]

综合系也称合成系，它是杂交群体的选择方法。在很多肉牛业发达的国家，综合系的建立与利用方兴未艾。

【综合系建立的遗传学基础】建立综合系，可依据基因的互补效应、自由组合定律和基因杂合效应。其育种

①肉牛业中首先提倡综合系的是加拿大的 R.T.Berg 博士，他用此法培育出的综合系牛只在大群中断奶后至宰前（约 15 月龄）的平均日增重保持在 1.5 千克以上，最高达 2.3 千克。

原则是：肉牛经济性状选择、尽力缩短世代间隔以加快遗传进展，较长久保持群体杂种优势的交配制度，群体内到一定发展阶段实行相对"闭锁"。

【建立综合系的方法】先根据当地生态条件、市场分析拟定吸收什么样的纯种品种，然后组织这些牛品种间的交配组合，采用多方式多品种杂交后，建立基础牛群，然后根据需要和杂种表现，到一定时期封闭群体，停止引入原用的纯种公牛，系内公牛选择仅考虑 2 ~ 3 个经济性状，对母牛仅考虑繁殖性状及生产力，对角型、毛型等性状不予考虑。

综合系的建立是通过杂交来进行的，至少要 2 个品种，通常是更多一些。在建立综合系的过程中应做到：①认真选择几个品种；②对每一层次的杂交都应有杂交优势的估测；③要不断地培育出后备牛；④父本、母本之间要有互补性；⑤要保证提供规格一致的产品；⑥有可以估算的预期育种值。

三、肉牛场建设、设施设备与环境控制

内容要素
- 肉牛场场舍建设
- 肉牛场设施设备
- 肉牛场环境控制

1. 肉牛场场舍建设

■肉牛场场址选择①

位置与环境

应符合以下要求（图3-1）：

●符合国家环保法规的要求。禁止在生活饮用水水源保护区、居民区、风景名胜区、自然保护区的核心区

①正确选择场址是肉牛场建设的关键。一般从位置与环境、地势与水位、水源与水质、饲料资源、交通、电力与能源、畜产公害等方面加以选择。

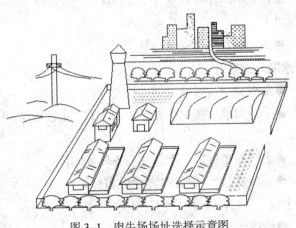

图3-1 肉牛场场址选择示意图

及缓冲区建设肉牛场。

●符合动物防疫和无公害食品安全的要求。距城镇、学校、村庄、居民区及公路、铁路等主要交通道500米以上。

●场址周围饲料资源丰富。选择距草料小于5千米半径内的地方建场，计算有效距离范围内年产各种饲草总量及剩余量，决定牛场规模。

●场址周围交通便捷。原材料、精料补充料、牛只等运输方便，要求肉牛场道路与外界道路畅通，出入方便。

●电力与其他能源保证。饲料加工、通风、照明、清粪、饲喂系统等需用电，建在电力方便的地方；符合《工业与民用供电系统设计规范》的规定。

●无双向污染。避免肉牛养殖场对人或其他畜禽养殖场以及人或其他畜禽养殖场对肉牛养殖场产生相互污染；距离周边化工企业、制革厂、制药厂、造纸厂、农药厂、牲畜贸易市场、屠宰加工厂及其他有毒害、有危险的工厂至少3 000米。

地势与水位

●高燥、背风、向阳、开阔。

●地下水位低。要求在2米以下。

●地面平坦并略有缓坡。以北高南低，坡度1°～3°为理想。

●不可建在低洼或风口处。

水源与水质

●水源充足、提取方便、投资小。

●水量需求：按100头存栏牛每天需水量20～30米³配备。

●水源便于保护、不易受周围环境的污染。

●水质良好①，曾无地方性疾病暴发。

土质

●沙壤土最理想。

①水质符合《无公害食品畜禽饮用水水质》(NY 5027—2008)的要求。

- ●沙土较适宜。
- ●黏土最不适宜。

前置许可

- ●环境保护许可。
- ●国土规划许可。
- ●养殖防疫许可。

纳污能力

- ●在养殖场周边有足够配套土地供污水消纳。
- ●规划建设前进行土地租赁，避免经营中环保投诉或农户漫天要价的问题。
- ●采用合作模式，将污水免费提供给周边农户使用。

自然灾害

无滑坡、泥石流、洪灾等自然灾害的潜在危害。

■肉牛场规划与布局①

①肉牛场应按照总体功能进行规划。一般包括4个功能区，即生活区、管理区、生产区和粪污处理区。各区位置的布局应考虑地势、地形、风向、防疫、交通等因素，既要便于卫生防疫，又要建立最佳生产联系（图3-2）。

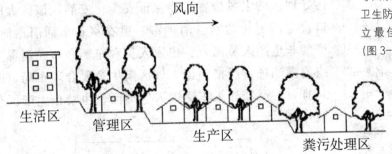

图 3-2　肉牛场规划与布局示意图

生活区

指职工生活居住区。应设在牛场上风向和地势较高地段，并与生产区保持 100 米以上距离，中间可植绿化带，以保证生活区良好的卫生环境。该区包括文化娱乐室、职工宿舍和食堂等。

管理区

包括与经营管理、产品加工销售有关的建筑物，又名生产辅助区。如行政和技术办公室、接待室、饲料加工调配车间、饲料储存库、办公室、水电供应设施、车库、杂品库、消毒池、更衣清毒和洗澡间等。

消毒、更衣、洗澡间应设在场大门一侧，进生产区人员一律经消毒、洗澡、更衣后方可入内。

在规划管理区时，应有效利用原有的道路和输电线路，充分考虑饲料和生产资料的供应、产品的销售等。在有加工项目的牛场，应在管理区独立组成加工生产区域。除饲料仓库以外，其他仓库（含汽车库）也应设在管理区。管理区与生产区应加以隔离，保证50米以上距离，外来人员、场外运输车辆只能在管理区活动，严禁进入生产区。

▶ 生产区

该区是肉牛场的核心，应设在管理区的下风向，粪污处理区的上风位置，要保证安全，安静。该区大门口设立门卫传达室、消毒室、更衣室和车辆消毒池，严禁非生产人员出入，出入人员和车辆必须经消毒室或消毒池进行严格消毒。该区肉牛舍要合理布局（图3-3）①。严禁外来车辆进入生产区，也禁止生产区车辆外出。

① 如图3-3所示，生产区内各个牛舍的位置需考虑配种、转群等联系方便，并注意卫生防疫。繁殖母牛舍应置于上风向和地势高处；架子牛舍和生长育肥牛舍应放到较好的位置，高增重育肥牛舍设在下风向。

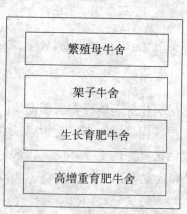

图3-3　生产区牛舍布局示意图

粪污处理区

该区设在生产区下风向地势最低处，最好与生产区保持 100 米以上的距离。大型牛场还应在生产区下风 300 米以上的地方单独建病牛隔离舍。

主要设施包括兽医室和隔离牛舍、尸体剖检和处理设施、粪污处理及贮存设施等。该区是卫生防疫和环境保护的重点。

■肉牛舍建筑设计①

牛舍设计的主要技术参数

●用地面积

见表 3-1。

表 3-1　1 头牛的占地面积参数（米²）

用　途	面积	用途	面积
牛舍休息场地	8.5	料库	0.8
干草堆放场	9.4	青贮坑	0.9
场内道路	3.5	氨化池	0.5～0.6
场外道路	0.6		

引自：杨文章，岳文斌，《肉牛养殖》，中国农业出版社，2001年。

●饲草饲料加工及贮存面积

包括饲料库、饲料调制加工车间、草场、草库以及青贮池等的面积。根据养牛头数、日粮用量与组成等而定（表 3-2、表 3-3）。

表 3-2　肉牛每天采食饲草量（千克）

项　　目		肉牛（舍饲）			
		繁殖母牛	架子牛	生长育肥牛	高增重（强度）育肥牛
以只吃一种计划	配合料	1.5	0.51	2.5～3.5	3～4
	青草	20～30	16～26	14～20	10～15

①牛舍设计与建筑，要根据各地全年的气温变化和牛的品种、用途、性别、年龄而确定。建牛舍要因陋就简，就地取材，经济实用，还要符合兽医卫生要求，做到科学合理。有条件的可盖质量好的、经久耐用的牛舍。

（续）

项　　目		肉牛（舍饲）			
		繁殖母牛	架子牛	生长育肥牛	高增重 （强度）育肥牛
以只吃 一种计划	玉米青贮	16～22	12～20	8～15	6～8
	青干草	5～8	4～6	4～5	3～4
	氨化麦秸	4～7	3.5～5.5	3.5～4.5	3.0～3.5
	碱化麦秸	4～7	3.5～5.5	3.5～4.5	3.0～3.5
	玉米秸、谷草	3.5～6.5	3.5～5.0	3.5～4.5	3.0～3.5
	麦秸、稻草	3～5	3.0～4.5	3～4	2～3

引自：杨文章，岳文斌，《肉牛养殖》，中国农业出版社，2001年。

表 3-3　常用饲草料的容量（千克）

项目	配合料	青草	青干草	氨化麦秸 氨化稻草	玉米秸 谷草	麦秸 稻草	渣槽	块根 块茎
每立方米质量	≥1 000	600～700	45～55	35～45	30～40	20～30	800～1 000	1 000

引自：杨文章，岳文斌，《肉牛养殖》，中国农业出版社，2001年。

①牛舍常见类型
主要有露天式育肥舍
和舍饲式育肥舍等。

牛舍类型①

●露天式育肥舍

四面均无墙，仅设置围栏、饲槽等基本设施。这种育肥场适合机械化操作，采取机械给料，清粪方便，育肥牛不拴系管理（图3-4），适合对肉牛集中育肥。但由

图 3-4　露天式育肥舍（美国）

于肉牛活动量加大，饲料消耗增加，导致养牛成本增加。

●舍饲式育肥舍①

【按屋顶形式分类】可分为单坡式、双坡式、联合式、平顶式、拱顶式、气楼式等。

☆单坡式：屋顶由一面斜坡构成（图3-5），或与暖棚组合构成（图3-6）。

优点：跨度较小，结构简单，造价低廉，可就地取材，采光充分。

缺点：净高较低，不便于工人舍内操作；前面易刮进风雪。

适用范围：单列舍、较小规模的牛场。

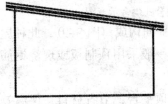 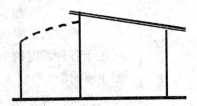

图3-5　单坡式牛舍示意图　　　　图3-6　暖棚联合式屋顶

☆双坡式：有屋脊，屋顶有两个等长的斜坡面（图3-7）。

优点：有利于保温和通风，经济可行，易于修建。

适用范围：在我国不同规模的养殖场较为广泛使用，南方地区多建敞篷双坡式牛舍，北方地区多为封闭或半

图3-7　双坡式牛舍示意图

①舍饲式育肥舍类型繁多，可按屋顶形式、墙壁结构与窗户以及牛床排列等进行分类。

封闭双坡式牛舍。

☆联合式：又名道士帽式或不等坡式（图3-8），即屋顶有两个不等长的斜坡面。

优点：保温效果比单坡式效果较好。

缺点：采光效果比单坡式差。

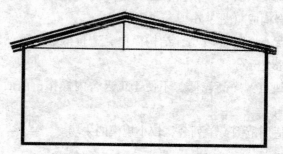

图3-8　联合式牛舍示意图

☆平顶式：屋顶由一平面构成（图3-9），此种屋顶可用于各种跨度的牛舍，一般采用预制板或现浇钢筋混凝土屋面板。

优点：可充分利用屋顶平台，节省材料，保温效果好。

缺点：防水问题较难解决，夏季降温效果差，通风效果不好，造价高。

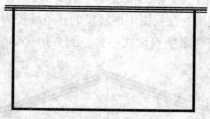

图3-9　平顶式牛舍示意图

☆拱顶式：此种屋顶可为各种牛舍所采用（图3-10），特别是"花空心拱壳砖"的使用，更为拱顶式牛舍的冬暖夏凉创造了有利条件。

优点：结构简单，受力均匀，结构安全，施工方便，节省材料，造价较低。

缺点：保温隔热效果差，当温度高达 30℃ 以上时，舍内闷热，适用于跨度较小的牛舍。

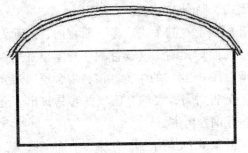

图 3-10　拱顶式牛舍示意图

☆气楼式：又称为钟楼式，分一侧气楼式（半钟楼式，图 3-11）和双侧气楼式（图 3-12）两种。该种牛舍可保证新鲜的空气由牛舍两侧墙面窗洞进入，热的有害气体由气楼排出。一侧气楼注意朝向，要背向冬季主导风向，避免冬季寒风倒灌。双侧气楼是利用穿堂风将舍内有害气体带出舍外。气楼的敞开部分应装窗帘，可以是铁丝网、尼龙等材料做成，既透光又有保温作用，还可以根据外界气候条件卷起放下，夏秋季比较凉爽，但冬季与早春保温不够理想。

优点：增加天窗，提高了通风排气效果，夏季降温效果较好，采光效果优于双坡式。

缺点：冬季保温效果较差，构造复杂，用料投资较

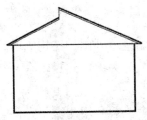

图 3-11　一侧气楼式牛舍示意图

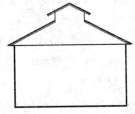

图 3-12　双侧气楼式牛舍示意图

大，造价较高。

适用范围：气候炎热或温暖地区。

【按围护结构与窗户分类】可分为开放式、半开放式、封闭式、棚圈式 4 种。

☆开放式：（棚舍式）指三面有墙、一面无墙（图3-13）或四面均无墙，仅设置围栏，屋顶采用一些柱子支撑梁架（图3-14）的牛舍。该种牛舍通风透光好，建筑简单，节省材料，舍内有害气体容易排出。适合于我国温暖地区饲养肉牛。

☆半开放式：是指三面有墙、一面半截墙，保温效果稍优于开放式的牛舍。

优点：用料及内部结构简单，轻便，造价低廉，受粪便、饲料、灰尘等污染较小，易保持牛体的清洁，便于机械操作，减小劳动强度，提高工作效率。

缺点：冬季防寒性能差，不利于人为气候条件控制。

适用范围：我国中部和北部等气候干燥地区，不适合炎热的南方和寒冷的北方。

图3-13　开放式牛舍

图3-14　半开放式牛舍

☆封闭式：是指屋顶、墙壁等外围护结构完整，没有经常开启的门窗的牛舍。又分为无窗式封闭舍和有窗式封闭舍。

有窗式封闭舍：这种牛舍一般利用侧窗、天窗或外界气候来调节自然通风（图3-15），还可以根据当地气候特点，辅以机械通风，做到冬暖夏凉。该种牛舍可用于我国大部分地区。其优点是投资少，造价低，施工方便，舍内温湿度容易控制。

无窗式封闭舍：这种牛舍四周墙壁无窗，造价小，对环境的控制能力有限，适合作为我国绝大多数温暖地区的繁殖母牛舍及北方寒冷地区的各类牛舍（图3-16）。

【按牛床排列方式分类】可分为单列式、双列式和多列式牛舍。

图 3-15　封闭式牛舍

图 3-16　棚圈式牛舍

☆单列式牛舍：牛床排成一列（图 3-17），该种牛舍构造较简单，采光、通风、防潮好，适用于冬季不是很冷的地区。

☆双列牛舍：牛床排成两列，又分头对头式（图3-18）和尾对尾式。

☆多列牛舍：牛床排列成三列或四列（图 3-19）。

图 3-17　单列式牛舍示意图

图 3-18　头对头双列式牛舍

①冬季可用塑料薄膜将四周窗户盖上，炎热的夏季可掀开，以通风降温。

【塑料大棚牛舍】该牛舍是我国北方地区农户和专业户在冬季养牛普遍采用的一种简易牛舍（图3-20）①。塑料大棚牛舍保温效果明显，具有投资少、见效快、建造简易等优点。

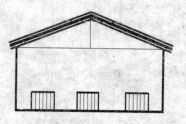

图 3-19　多列式牛舍示意图

图 3-20　塑料大棚牛舍示意图

牛舍建筑

● 牛舍主要建筑

如图 3-21 所示。

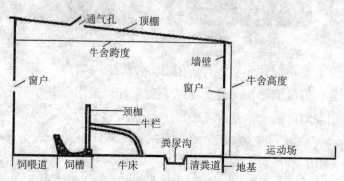

图 3-21　牛舍主要建筑示意图

【地基】若土地坚实、干燥，可作为天然的地基。若是疏松的黏土，需用石块或砖砌好地基并高出地面，地基深 0.80～1.00 米。地基与墙壁之间最好要有油毡绝缘防潮层（图3-22）。

【墙壁】可用普通砖和砂浆修建，北方地区可用空心砖。砖墙厚 0.50～0.75 米。从地面算起，要设 1 米高的墙裙。在农村也用土坯墙等，从地面算起应砌 1 米高的石块。土墙造价低、投资少，但不耐久（图 3-23）。

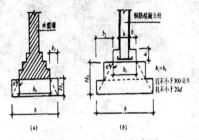

图 3-22　墙基础设计图

图 3-23　墙壁

【高度】以屋檐高计算，一般为 2.8～4.0 米，北方应低些。

【跨度】成年牛双列式为 8～10 米，架子牛双列式为 6.80～7.80 米，单列式为 5.60～6.80 米。

【长度】牛舍长度根据牛场规模、劳动定额、饲养员工作量等多方面考虑，每栋牛舍以 60～100 头为宜，双排 100 头牛舍的长度为 55～70 米。

【顶棚】北方寒冷地区，顶棚应用导热性低和保温的材料，顶棚距地面为 3.50～3.80 米，南方则要求防暑、防雨，并通风良好。

【通气孔】一般设在屋顶，大小因牛舍类型不同而异。单列式牛舍的通气孔为 0.70 米 × 0.70 米，双列式为 0.90 米 × 0.90 米。北方牛舍通气孔总面积为牛舍面积的 0.15% 左右。通气孔上面设有活门，可以自由启闭。通气孔高于屋脊 0.50 米或在房的顶部。

【门与窗】牛舍的大门应坚实牢固，不用门槛，最好设置推拉门，白天牛舍阳光可直接照射，门洞高低依墙高而定，一般为 2.00～2.80 米，宽为 1.80～2.20 米。一般要求窗户面积应为墙面积的 1/4 左右，距地面 1.20～1.50 米（图 3-24、图 3-25）。

【牛床】牛床的面层一般采用水泥地面，并作刻画线，可以防水、防滑，易于清扫。牛床的坡度通常为

图3-24 牛舍窗户

图3-25 牛舍进出门

1°～1.5°。成年牛牛床长1.60～1.80米，宽0.85～1.20米；架子牛牛床长1.50～1.70米，宽0.70～0.90米；产房牛床长1.80～2.00米，宽1.20～1.50米。

【饲槽】饲槽主要有木制的和水泥制的两种，若体重在450千克以上的肉牛，每头牛要确保70厘米长的饲槽，特别注意防止渗进雨水。饲槽分为固定式和活动式两种，以固定式的水泥饲槽最实用。饲槽尺寸见表3-4、图3-26。

表3-4 饲槽尺寸（厘米）

饲槽类别	槽内（口）宽	槽深	前槽沿高	后槽沿高
成年牛	60	35	45	60～80
育成牛	50～60	30	30	60～70
犊牛	40～50	10～12	15	35～40

图3-26 饲槽

【水槽】水槽和饲槽一样，是牛每天所必需的。成年牛每天饮水45～66千克，所以必须保证充足的饮水。可用自动饮水器，也可用装有水龙头的水槽。北方寒冷地区必须防止水槽结冰，可从水槽下部引管道供水。一般25～40头牛应有一个饮水槽。包括钢铸活动饮水槽（图3-27）、水泥活动饮水槽（图3-28）、饮水碗（图3-29）、固定饮水槽（图3-30）。

图 3-27 钢铸活动饮水槽

图 3-28 水泥活动饮水槽

图 3-29 牛用饮水碗

图 3-30 固定饮水槽

【粪尿沟】粪尿沟位于清粪通道附近，宽度为
0.32～0.34 米，起始深度 0.06 米左右，坡度为 6°左右。
现代化肉牛舍粪尿沟多采用漏缝地板，或多安装链刮板
式自动清粪装置，链刮板在牛舍往返运动，可将牛粪直
接送出牛舍。

【饲喂通道】饲喂通道位于饲槽前，其宽度为
1.20～1.60 米，坡度为 1°；机械饲喂的宽度为 3 米左右。

【清粪通道】清粪通道与粪尿沟相连，是清粪尿、
肉牛出入的通道（图 3-31）。其宽度为 1.6～2.0 米，路
面最好有大于 1°的坡度，并刻画菱形槽线防滑。

【牛栏和颈枷】牛栏由横杆、主立柱、分立柱和侧
杆组成，和颈枷一起固定牛只。每两个主立柱间距与牛
床宽度相等，主立柱之间有若干分立柱，分立柱间距
0.10～0.12 米，颈枷两边分立柱之间距离为 0.15～0.20

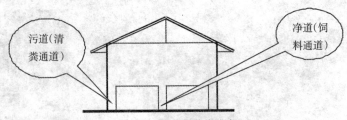

污道(清粪通道)　净道(饲料通道)

图 3-31　圈舍道路分布

米。按拴系方式分绳索拴系（图 3-32）、铁链拴系（图 3-33）、牛颈枷拴系（图 3-34）等。

图 3-32　绳索拴系

图 3-33　铁链拴系

图 3-34　牛颈枷拴系

【运动场】运动场是肉牛活动、休息等的地方，一般育肥牛不需要运动场，但繁殖牛、犊牛、架子牛都需要运动场，运动场的大小可根据饲养肉牛的数量而定。场的大小以牛的数量而定。每头牛占用面积为：成年牛为 10～15 米²，育成牛为 5～10 米²，犊牛为 1～5 米²。运动场围栏要结实，高度为 1.50 米。运动场地面一般采用垫料运动场（图 3-35）、水泥地面运动场（图3-36）等。

图 3-35 肉牛垫料运动场

图 3-36 肉牛水泥地面运动场

●牛舍辅助性建筑

【隔离墙】牛场周围及生活区、管理区、生产区、粪污处理区之间要设隔离墙（图 3-37），墙高应在 3 米以上，以控制闲杂人员随意进出生产区，并避免各区互相干扰。隔离墙可分为隔离网围墙（图 3-38）、实体围墙（图 3-39）和绿化围墙等。

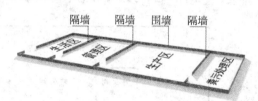
图 3-37 隔离墙示意图

图 3-38 隔离网围墙

图 3-39 实体围墙

【消毒池】外来车辆进入生产区必须经过严格消毒，消毒池的宽度应大于卡车的宽度，一般为 2.50 米以上，长度为 4.50 米，深度为 0.15 米，池沿采用 15° 斜坡，设计排水口（图 3-40）。

图 3-40　消毒池

【消毒室】消毒室是外来人员进入生产区消毒所用的，消毒室大小一般为列车式串联 2 个房间，各 5~8 米^2，其中一间为更衣室，另一间为紫外线消毒室，紫外线灯悬高 2.50 米（图 3-41、图 3-42）。人员消毒目前通常采用电解水喷雾消毒（图 3-43）。此外，车辆进出采用消毒通道（图 3-44），并采用立体式消毒（图 3-45）。

图 3-41　消毒室示意图

图 3-42　人员紫外线消毒

图 3-43　人员喷雾消毒

图 3-44 车辆消毒通道

图 3-45 车辆立体消毒

【隔离牛舍】外购牛或者本场发现的可疑传染病牛，都必须在隔离牛舍观察 15 天左右。隔离牛舍床位数是按存栏牛头数的一定比例计算：犊牛 5%，其余牛 2%～3%。

【场内道路的硬化】场内主要道路应用砖石或水泥硬化，主道宽 6 米，支道宽 3～4 米。

【水井和水塔】水井应选在污染最少的地方。水塔应建在牛场适中的位置，若牛场周长在 100 米，水塔高度必须在 5 米以上；若牛场周长在 200 米，水塔高度要在 8 米以上，才能保证水压。且水塔的容积量要保证场内 24 小时供水用，寒冷地区的水塔必须有防冻处理设施。通常选择采用高位水塔（图 3-46）、钢混水塔（图 3-47）、不锈钢圆形水容器（图 3-48）、塑料水容器（图 3-49）、不锈钢方形水容器（图 3-50）和无塔送水器（图 3-51）等。

图 3-46 高位水塔

图 3-47 钢混水塔

图 3-48 不锈钢圆形水容器

图 3-49　塑料桶水容器　　图 3-50　不锈钢方形水容器　　图 3-51　无塔送水器

【草库】草库高度一般在 4 米以上，应设防火门，外墙要有消防设施。

【饲料加工厂】加工厂应包括原料库（图 3-52）、饲料加工间（图 3-53）、成品库（图 3-54）和青贮设备等。原料库大小以存贮的原料满足肉牛场 1 个月左右所需为宜，成品库可略小于原料库，库房内必须干燥、通风良好。室内地面高出室外 30 ~ 50 厘米，地面以水泥地面为宜，房

图 3-52　原料库　　　　　　图 3-53　饲料加工间

图 3-54　成品库

顶要有良好的隔热功能，注意防火和防鼠。青贮池的大小以存贮的青贮料至少满足肉牛在冷季 3 个月所需为宜。

【粪尿污水池和堆肥场】粪尿污水池和堆肥场应建在舍外地势较低的地方，且在运动场相反的一侧，距离舍外墙不小于 5 米，距离水井不小于 100 米。一般是用混凝土砌成，要防止透水。粪尿污水池的大小和数量要根据肉牛场规模、每头肉牛每天排出的尿量及冲污所需水量、粪尿污水贮积时间来确定（图 3-55）。一般情况下，每头肉牛每天排出的尿量及冲污所需水量可按以下标准估算：成年牛 70 千克，育成牛 50 千克，犊牛 30 千克；粪尿污水贮积时间按 20~30 天计算；每个粪尿污水池的容积按 20~30 米^{3}计算。堆肥场的大小根据肉牛场规模及贮粪时间来确定（图 3-56），一般每头牛需 5~6 米^2。

图 3-55　粪尿污水池

图 3-56　堆肥场

2. 肉牛场设施设备

■称重设备

【地磅】对于规模较大的肉牛场，应设地磅，以便对运料车进行称重（图3-57）。

图 3-57　地　磅　　　　　　　图 3-58　台秤

【台秤】主要用于精料补充料及其数量比较少的物体称量使用（图3-58）。

■保定设备

【保定架】保定架主要用于为牛打针、灌药、编耳号、治疗等情况，若肉牛场有能繁母牛，对母牛实行人工授精也必须有保定架。保定架通常用圆钢制成，规模较小的场也可用木头制作，架的主体高1.60米，前颈枷支柱高2米，立柱部分埋入地下约0.40米，架长1.50米，宽0.65～0.70米（图3-59）。

图 3-59　保定架

【缰绳】采用围栏散养的方式可不用缰绳，但在拴系条件下是不可缺少的，缰绳系在肉牛鼻或鼻环上。缰绳有麻绳、尼龙绳及棕绳等（图3-60、图3-61），每根长为 1.50~1.70 米，直径为 0.90~1.50 厘米。

图 3-60　棕　绳　　　　　　图 3-61　牛绳索

【鼻环】牛既温驯又凶猛，特别是公牛，为了饲养管理方便，可给牛套上鼻环，鼻环一般使用不锈钢制成，有大、中、小 3 种型号（图3-62、图3-63）。

图 3-62　鼻　环　　　　　　图 3-63　牛鼻环

■饲喂设备

【TMR 设备】TMR（全混合日粮)是一种将粗料、精料、矿物质、添加剂等充分混合，能够提供足够的营养以满足牛只需要的日粮；TMR 饲养技术在配套技术措施和性能优良的 TMR 机械的基础上，能够保证牛只每采食一口日粮都是精粗比例稳定、营养浓度一致的全价日粮，是肉牛饲养方式的一大变革。

主要由自动给抓取、自动称量、粉碎、搅拌、卸料、输送等为一体的装置组成，适合于不同规模肉牛场、肉牛小区及 TMR 饲料加工厂；分固定式与活动式（图3-64、图3-65）。固定式适用于过道窄、搅拌车不能进入的牛舍，需要用其他转运设备送料，人工成本比移动式要高；移动式适用于大型牛场，结构合理、自动化程度要求高的牛舍，可直接送料，节约劳动力成本。

图 3-64　固定式 TMR 设备

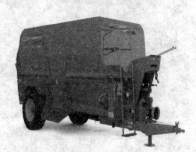

图 3-65　牵引式 TMR 搅拌设备

【固定饲喂设备】主要通过饲料塔或草堆通过输送带传送到牛舍或运动场，供牛只采食，节省转运工作量，节省饲料，节省养殖空间及建筑费用（图3-66）。

图 3-66　牛固定饲喂设备

【输送带式喂饲设备】在饲槽前方设置一个传送带，饲料通过传送带运输到食槽前方时，刮板往复式运动将饲料刮入料槽供牛只采食。其优点：可以节省转运工作量，节省饲料；其缺点：有可能造成饲料不均衡供应（图3-67、图3-68）。

【穿梭式喂饲车】在饲槽上方设置轨道，轨道上设置饲喂车，通过链板带动饲料车移动将饲料卸入料槽。

其优点：节省转运劳动力，节省饲料，供应较均衡；其缺点：设备容易出现故障（图3-69）。

图 3-67　螺旋传送设备

图 3-68　带式传送设备

图 3-69　穿梭式饲喂设备

图 3-70　螺旋搅龙式饲喂设备

【螺旋搅龙式饲喂设备】通过螺旋搅龙将饲料运送到料槽中。其优点：可节省转运劳动力；其缺点：不适合草料运输（图3-70）。

【机动饲喂车】通过运输车辆将饲料或草料能送到料槽，供牛只采食。其优点：节省转运人工，饲喂方便，设备利用率高；其缺点：因经常进出，冬季保温效果差（图3-71、图3-72）。

图 3-71　机动饲喂车

图 3-72　机动撒料饲喂车

■卫生设备

【扫帚】除去尘土、垃圾、粪便等的用具。包括塑料扫帚、秸秆扫帚和竹条扫帚等。

【铁锹】是一种农具，可以用于铲粪、铲垃圾。

【架子车】是小型牛场运输草料等的重要运输工具，分木架型和铁架型两种。

【独轮车】作为牛场人工运送饲料、运送牛粪等的运输工具。只有一个独轮，操作方便，但需要一定操作技巧，分木架型和铁架型两种。

■保健设备

【吸铁器】吸出饲料、草料中含铁物，避免引起动物瘤胃伤害；根据需要可制作各种形状，固定在饲槽内（图3-73）。

【耳标牌】耳标就像我们的身份证一样，记录了肉牛从出生到出栏的全部过程。耳标可以追溯到牛的产地、疫苗注射记录与疾病发生与治疗情况。在育种群的生产管理和记录系统中，耳标起着关键作用，在配种、返情检查、妊娠检查、接种疫苗、疾病治疗这些工作中也起到极为重要的作用（图3-74）。耳标牌分电子芯片式、二维码式等。

图3-73 吸铁器

图3-74 耳标牌

【牛体刷】可使牛体清洁，减少体表污垢与寄生虫，促进血液循环，提高动物福利，提高牛肉质量。牛体刷分为摆动式旋转牛体刷、接触转动式牛体刷和人工操作牛体刷等（图3-75）。

图 3-75　牛体刷

■饲草收割与加工设备

【饲草联合收割机】　主要通过人为操作机械对大面积饲草地进行收割，速度较人工快。按动力分为悬挂式、牵引式和自走式等（图 3-76）。

【玉米收获机】　玉米收获机是专门完成玉米采摘、剥皮、果穗收集、茎叶粉碎、装车等一系列工作的设备（图 3-77）。

图 3-76　牧草收割机　　　　　　图 3-77　玉米收获机

【饲草切碎机】　饲草切碎机主要切碎青饲料和秸秆等，按机型大小分为小型、中型和大型等（图 3-78）。

【饲草搓揉机】　饲草搓揉机也是粉碎机的一种，将秸秆通过高速旋转的锤片结合机体内表面的齿板形成表面阻力对秸秆实施捶打。

【秸秆揉丝机】　在搓揉的基础上，使物料经过加工后，成品秸秆呈细丝条形草状；符合牲畜采食习惯，易于吸收，易于打包储存、青贮和氨化处理（图 3-79）。

【粉碎机】粉碎机是指主要用于对玉米、豆粕等饲料进行粉碎的设备。粉碎机可分为锤片式、爪式、对辊式和刀片式等。

图 3-78　饲草切碎机　　　图 3-79　秸秆粉碎揉丝一体机

【小型饲料加工机组】　有粉碎机、混合机、输送装置等组成的一体化装备。主要用于饲料加工，如玉米、豆粕等；占地面积小；对厂房要求不高；适用于自己加工饲料的小型养殖场(图 3-80)。

【饲草收获机】　主要将牧草及其适合做牧草的其他作物进行切割、收集的作业过程。机械化程度高，效率高，成本低，适用于便于机械化操作的大型牧草地或农田（图 3-81）。

■通风及保温防暑设备

【轴流风机】牛舍常见的通风换气设备，既可排风，也可送风，风量较大（图 3-82）。

图 3-80　小型饲料加工机组　　　图 3-81　饲草收获机

【电风扇】 牛舍常见的通风换气设备，分吊式、落地式等。

【湿帘－风机降温系统】适于全封闭的牛场。原理是水泵抽提水通过湿帘，在下降过程中慢慢渗透湿帘系统，在排风设备的作用下，外界的风通过湿帘带走水分，从而使室内温度降低。在夏季可使舍内温度比外界降低3~5℃，但成本较高、能耗高。

【加热保温设备】适于冬季给牛舍加温，满足犊牛保温需要，包括空调、红外保温灯（图3-83）、电热板（图3-84）、保温锅炉（图3-85）等。空调、热风炉适用于整个舍内加热，电热板、水温保温板适用于犊牛保温。

【微型水暖保温板】由加热主机、线管、躺卧镀锌钢板或不锈钢等结构组成（图3-86）。主要原理就是采用主机将水加热到设定温度，通过安装在犊牛躺卧的钢板

图 3-82　轴流风机

图 3-83　红外线保温灯

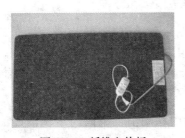

图 3-84　纤维电热板

图 3-85　保温锅炉

下面细水管热水流动，快速将钢板加热到预定温度。其优点：板面受热均匀，温度变化低，能耗少于电热板一半以上，操作简单，耐腐蚀。适用于犊牛的保温。

图 3-86　微型水暖保温板

【喷淋降温系统】利用将水滴滴在牛背上湿润皮肤，或通过将水形成雾状喷洒在圈舍内，在风机的作用下，蒸发牛体表面的水分致使降温。该系统包括滴淋、喷雾和屋顶面喷淋等（图 3-87）。

图 3-87　牛只喷淋降温

■消毒设备

【消毒发生器】主要用于养殖场进出通道人员消毒使用。具有成本低、操作方便、材料易购等优点（图3-88）。

【消毒推车】用于舍内移动消毒、大门车辆消毒。具有操作简单、机动性高、维护方便等优点（图 3-89）。

【喷雾器】用于舍内移动消毒、大门车辆消毒。具有操作简单、机动性高、维护方便等优点，但劳动量比消毒推车大些（图3-90）。

图3-88 消毒发生器

图3-89 消毒推车

图3-90 喷雾器

■粪污处理与利用设备

【固液分离设备】用于粪尿池、沼液池进行固液分离，分离后的固体作为有机肥处理，液体再排入沼液池进行处理。包括螺旋挤压式、布滤挤压式、带式挤压式和离心脱水式等，其中螺旋挤压式使用较广泛（图3-91）。

【沼气池】将养牛场的污水、尿液及部分粪便排入沼气池内，通过厌氧条件进行发酵处理，从而降解其中的有机物、杀灭病虫卵等，并产生沼气供牛场或其他用户使用（图3-92）。

图3-91 固液分离设备

图3-92 沼气池

【沼液抽灌车】主要利用沼液机将沼气池的污水抽提到田间暂存池或田间直接利用（图3-93）。适用于各种养殖场，成本比沼液运输车小，操作简单。

【沼液运输车】采用专用密闭车辆将污水运输到消纳场地（图3-94）。适用于周边土地不足以消纳污水、必须运输到更远地方的养殖场。

图3-93 沼液抽灌车

图3-94 沼液运输车

【粪便发酵处理设备】主要将固液分离出来的固体部分，人工清扫的干鲜粪与发酵载体（主要为农副产物）按一定比例配合后，使其水分达到60%左右，进行堆制发酵，再通过发酵处理设备制成有机肥。包括翻堆机、铲车、传送带、筛分机、粉碎机和打包机等相关设备。

■诊疗设备 包括消毒器械、手术器械、助产器、诊断器械、灌药器、注射器、修蹄工具和无血去势工具等。

3. 肉牛场环境控制①

■温度　牛场适宜温度为 9～21℃，在此温度范围内，牛只增重速度最快，饲料利用率最高，抗病力最强，饲养效益高。温度过高、过低都会产生不良影响。各种牛舍空气温度参数见表3-5。

①肉牛场环境对肉牛生产性能影响极为重要。环境影响因素主要包括温度、湿度、气流、光照、噪声、微粒、微生物、有害气体等。

表3-5　牛舍空气温度参数

牛类别	适宜温度（℃）			饮水温度（℃）	
	最适宜温度范围	最高	最低	夏季	冬季
育肥牛	10～15	25	3	10～15	20～25
产犊母牛	12～15	25	10	20	20～25
一般母牛	10～15	25	3	10～15	15～25
幼犊	15～18	27	8	15～20	20～25
犊牛	10～12	27	7	15～20	20～25
育成牛	10～15	27	3	10～15	20～25

引自：王春强，《无公害牛肉安全生产技术》，化学工业出版社，2013。

■湿度　肉牛对牛舍的环境湿度要求为 55%～75%。防止湿度的措施：牛舍应建在高燥的地方，墙基、地面设防潮层，加强舍内保温，舍内温度保持在露点温度以上，避免水汽凝结成水；舍内减少用水，粪尿及时排出，通风性能良好，注意保温与通风排气的协调。

■气流　气流就是有利于肉牛牛体散热。适当的空气流动可保持圈舍空气清新及牛体正常体温。一般牛舍内空气流动速度以 0.2～0.3 米/秒为宜；气温超过30℃时，气流速度可提高到 0.9～1 米/秒，加快降温。

■光照　牛舍采光方法分为自然采光和人工采光两

种。采用16小时光照、8小时黑暗可提高育肥牛采食量、增加日增重。一般情况下肉牛舍的采光系数（窗户有效面积/室内地面面积）为1：16，犊牛舍为1：（10～14）。肉牛舍窗户面积应接近墙壁面积的1/4，在冬季保证牛床有6小时的阳光照射。人工光照主要采用白炽灯和荧光灯。

■噪声　一般要求牛舍内的噪声白天低于75分贝，夜间低于50分贝。防止措施：选址、规划布局远离噪声源，采用噪声控制设施设备，如玻璃棉、泡沫材料、绿化吸声等。

■有害气体[1]

【氨气】主要由粪尿、饲料、垫料等含氮有机物分解产生。牛舍空气中氨气浓度超过0.002 6%时，细菌增多，对肉牛生产性能及健康影响较大。

【硫化氢】一般要求硫化氢浓度不得高于0.001%。浓度过高，则易引起眼炎、流泪、角膜浑浊、畏光、鼻炎、气管炎等疾病，甚至造成组织缺氧窒息死亡。

【二氧化碳】一般要求牛舍中二氧化碳浓度不得高于0.25%。

■微粒（灰尘）　一般要求牛舍内每立方米空气中PM_{10}[2]应小于2毫克，TSP[3]应小于4毫克。防治措施：绿化，饲料或草料车间远离牛舍，饲喂、清扫圈舍动作要轻，通风性能良好等。

■微生物　牛舍空气中病原微生物可附着在飞沫和飞尘两种不同的微粒上传播疾病。防治措施：注意牛舍选址，圈舍防潮，减少舍内灰尘，定期消毒，加强防疫等。

①一般牛舍空气卫生：二氧化碳含量不超过0.25%；硫化氢浓度不超过0.001%，氨气浓度不超过0.002 6%。

②PM_{10}指细颗粒物。

③TSP指总悬浮颗粒物。

四、肉牛饲用牧草生产与草畜配套

内容要素
- 肉牛优质饲用牧草特性及栽培要点
- 肉牛常用牧草栽培利用技术
- 肉牛牧草调制加工技术
- 肉牛生产草畜配套技术

1. 肉牛优质饲用牧草特性及栽培要点

肉牛优质饲用牧草特性

牧草[1]是肉牛养殖必需的饲料之一，来源广泛[2]（图 4-1 至图 4-6）。

图 4-1　白三叶（豆科牧草）

图 4-2　鸭茅（禾本科牧草）

图 4-3　子粒苋（苋科牧草）

图 4-4　苦荬菜（菊科牧草）

①牧草泛指可用于饲喂家畜的草类植物，包括草本、藤本、小灌木、半灌木和灌木等各类栽培或野生植物。狭义的牧草仅指可供栽培的饲用草本植物，尤指豆科和禾本科牧草。

②广义牧草不仅包括饲用草本植物，还包括用于栽培作为家畜饲料用的作物，如玉米、高粱、大麦、燕麦、黑麦、大豆、甜菜、胡萝卜、马铃薯、南瓜等各类作物。

图 4-5 玉米（饲用作物）　　图 4-6 甜菜（叶菜类牧草）

①品质六因子包括：适口性，采食量，消化率，养分含量，反质量因子，家畜的表现。

牧草品质好坏体现在肉牛生产中利用价值的高低。国外衡量肉牛饲用牧草品质常利用品质六因子衡量体系①。

为了更加客观地衡量牧草品质，美国和欧洲国家常采用相对饲用价值（RFV）对肉牛饲用牧草品质进行评估（表 4-1）。

表 4-1 美国豆科牧草、豆科与禾本科混播牧草和禾本科牧草市场干草等级划分

等级	牧草种类及生育期	粗蛋白质（%）	酸性洗涤纤维（%）	中性洗涤纤维（%）	可消化干物质（%）	干物质采食量（克/千克）
特等	豆科牧草开花前	>19	<30	<39	>65	>143
一等	豆科牧草初花期，20%禾本科牧草营养期	17～19	31～35	40～46	62～65	134～143
二等	豆科牧草中花期，30%禾本科牧草抽穗初期	14～16	36～40	47～53	58～61	128～133
三等	豆科牧草盛花期，40%禾本科牧草抽穗期	11～13	40～42	53～60	56～57	113～127
四等	豆科牧草盛花期，50%禾本科牧草抽穗期	8～10	43～45	61～65	53～55	106～112
五等	禾本科牧草抽穗期或受雨淋	<8	>46	>65	<53	<105

引自：董宽虎，沈益新，《饲草生产学》，2003。

相对饲用价值越高，则肉牛饲用牧草越优质。在不能开展相对饲用价值评定时，国内也通过常规指标评判肉牛饲用牧草。

肉牛饲用优质牧草应该具有以下特性：

◆ 高产。

◆ 适口性好，叶量丰富、含糖量高。

◆ 具有较高的采食量和消化率，能量和蛋白质等养分含量较高。

◆ 牧草反质量因子（单宁酸、硝酸盐、生物碱、氢基胍、激素等）含量低。

◆ 肉牛采食后表现好，具较高生长性能和较强抗病性。

▶ 优质牧草栽培要点

◆ 地理、气候等环境条件

光照、温度、水分是决定植物良好生长的三大要素，它们与生长地的地理、气候密切相关。适宜的土壤条件、降雨量、光照和温度条件能获得良好的牧草栽培效果。

◆ 草品种选择（图4-7）

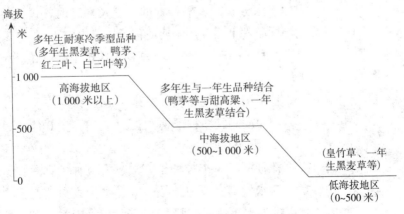

图4-7　不同海拔的草品种选择

①土壤条件主要包括 pH、土壤类型、有机质含量、速效氮（N）、速效磷（P）、速效钾（K），全氮、全磷、全钾等。

◆ 土地翻耕准备

土壤条件①良好，上松下实、平整疏松。

沙壤土最理想。

沙土适宜不耐涝品种牧草。

黏土不适宜肉质根牧草。

◆ 播种期

播种期分为春播、夏播、秋播，除高寒地区和高海拔地区等特殊地区实施夏播外，其他地区大多采用春播和秋播（表4-2）。

表 4-2　南方地区常见牧草播种时间

牧草品种	播种时间
一年生黑麦草、苇状羊茅、鸭茅、白三叶	9～10 月
高丹草、墨西哥饲用玉米、甜高粱、苦荬菜	3～5 月
扁穗牛鞭草、皇竹草	4～6 月
菊苣、串叶松香草	3～5 月（9～10 月）
紫花苜蓿	9～10 月（3～4 月）

注：括号内时间也可以播种，但以括号外时间为最佳。

②举例：种子用价 100%时红三叶每公顷播种量为 15 千克。经种子品质鉴定，现有种子纯净度98%、发芽率 90%，则播种量应为：15/(98%×90%)=17.01千克/公顷。

◆ 播种量

播种量随饲草的种类、利用目的、种子大小、土壤肥力、水分状况、播种期的早晚及播种时气候条件而变化。同条件下播种量主要由种子用价决定②。

播种量（千克/公顷）=种子用价 100%时播种量/种子用价

种子用价=纯净度×发芽率×100%

纯净度=纯净种子重/样品种子重×100%

◆ 播种深度

播种深度：小粒种子宜浅，大粒种子宜深；土壤黏重、含水量高宜浅，土壤砂大含水少宜深；在土壤肥力较差的情况下宜深，肥力较好时播种宜浅。一般情况下，开沟深度以见湿土为原则（图4-8）。

图 4-8 待播大粒种子（饲用甜高粱）的土地

◆ 播种方式

播种方式包括撒播、条播、穴播、混播及育苗栽培等，其中条播是最好的牧草播种方式（图 4-9）。大面积土地的规模化播种和施肥可以一起进行（图 4-10）。

图 4-9 条播栽培的黑麦草

图 4-10 免耕同步施肥播种机

◆ 施肥

施肥的目的是为了满足饲草生长发育的需要，增加产量，提高效益。要做到高产低成本，就必须合理施肥。施肥有以下要求：

（1）根据饲草的种类和生长时期施肥　禾本科牧草如黑麦草、叶菜类牧草如饲用甜菜需氮较多，而豆科牧草如紫花苜蓿需磷较多。同一种类牧草其品种不同，对肥料的需求也不相同。同一种牧草在不同的生长时期需肥量也不同。玉米在苗期对氮肥需要量较小，拔节孕穗期对氮肥的需要量增多，到抽穗开花后对氮肥的需要量又减少。

（2）根据收获的对象决定施肥　青贮饲料生产田，需要施用较多的速效氮素化肥，以便获得较高的茎叶产量；以收获块根茎为主时，应注意磷、钾肥的施用，过多施用氮肥会造成茎叶徒长。

（3）根据土壤状况合理施肥　黏性土壤施肥，应重视基肥和种肥的施用；砂质土壤保肥性差，应少量多次追肥。在决定施肥量时应充分考虑土壤肥力的高低。对于比较肥沃的土壤，多施肥会引起牧草倒伏，要减少施肥量；瘠薄的土壤应注意适当多施肥料，以满足饲草高产的要求。

（4）根据土壤水分状况等施肥　水分太多易造成施入养分的渗漏，而且好气性微生物活性差，有机肥养分释放慢；水分太少，则养分无法被植物吸收。旱季施肥时，要结合灌水或降水进行。此外，土壤的酸碱状况对施肥的效果也有影响，如酸性土壤施用磷肥可选用磷矿粉，而碱性土壤则不宜施用含氯离子和钠离子的肥料。

（5）根据肥料的种类和特性施肥　厩肥、堆肥、绿肥等有机肥料和磷肥多为迟效性肥料，通常作为基肥施用。硫酸铵、碳酸氢铵等速效氮肥多作追肥施用。硝态氮通常不作基肥施用，作追肥也应少施、勤施。如含氯离子的肥料，不宜施于含淀粉、糖较多的牧草等。

（6）施肥与农业技术配合　农业技术措施与肥效有密切关系。如有机肥料作基肥施用，常结合深翻使肥料能均匀混合在全耕层之中，达到土壤和肥料相融，有利于饲料作物和牧草吸收。追肥后浇水，有利于养分向根系表面迁移和吸收。

◆ 收获利用

用豆科牧草作为肉牛青干草时，应在单位面积可消化总养分产量最高的初花期[1]收获（图4-11）。

禾本科牧草最适宜的收获期为拔节－孕穗期[2]（图4-12）。

①牧草群落中有50%单株已经开始开花为初花期。

②牧草群落中有50%单株开始孕穗为拔节－孕穗期。

图 4-11　豆科牧草初花期

图 4-12　禾本科牧草拔节 - 孕穗期

规模栽培的牧草收获期应适当提前，以防牧草倒伏。

2. 常用牧草栽培利用技术

▶ 紫花苜蓿

图 4-13　紫花苜蓿

【生物学特性】多年生豆科牧草（图 4-13），喜温暖半干燥气候，生长最适温度为 25℃，气候温暖且昼夜温差大的生长环境对其生长有利。抗寒性、抗旱性强，但需要较多水分。由于喜中性偏碱土，忌酸性土壤，紫花苜蓿最适宜在东北、华北、西北栽培，但也可以选择适宜品种在南方栽培（如"渝苜 1 号"）。北方寒冷地区宜栽培秋眠性强而秋眠级数[①]中等且抗旱的紫花苜蓿品种（如"皇冠""飞马"等），而在长江流域等温暖地区应采用秋眠级数较高且耐湿的品种（如"游客""赛特"等）。低海拔地区（500 米以下）应选择秋眠级数较高（6 级以上）的苜蓿品种。

①苜蓿品种秋眠级数越低，秋眠性越强，春季返青越晚，刈割后的再生速度越慢。美国将苜蓿品种划分为 9 个秋眠等级，其中 1~3 级为秋眠型，4~6 级为半秋眠型，7~9 级为非秋眠型。

【栽培技术】紫花苜蓿栽培要求选择排水良好的沙壤或壤土地。北方地区宜早春播种，西南地区 3~10 月均可播种，而以 9 月播种最好。播种量为 15.0~22.5 千克/公顷。在播种前用有机肥 30 000~45 000 千克/公顷，过磷酸钙 2 250~3 000 千克/公顷，有效钾 90 千克/公顷作底肥。在返青刈割后和越冬前注意追施磷肥、钾肥，以提高其产量和品质，并利于越冬。苜蓿苗期应注意除草。

【利用特性】紫花苜蓿粗蛋白质含量高，初花期可占风干物质的 21%左右，且消化率可达 70%~80%。适宜刈割时间为初花期，留茬高度 4~5 厘米，年产量可达 60 000~90 000 千克/公顷。青饲是苜蓿的一种主要利用方式，青年母牛每头每天苜蓿的喂量一般为 10~15 千克，单一大量饲喂易使牛患臌胀病，青饲应在刈割后凋萎 1~2 小时为佳。放牧前先喂一些干草或粗饲料。

▶ 白三叶

【生物学特性】多年生豆科牧草（图 4-14），喜温暖湿润气候，耐牧性强①，再生力强，适宜土壤 pH6~7，耐阴。白三叶在我国各地均有栽培，尤以长江以南地区大面积种植，是南方广为栽培的当家豆科牧草。

【栽培技术】整地应精细，单播需种子 3.75~7.50 千克/公顷。一般宜与红三叶和黑麦草、鸭茅、牛尾草等混播，尤宜与丛生禾本科牧草（如鸭茅）等混播。禾本科

①耐践踏,适宜放牧利用。

图 4-14　白三叶

牧草与豆科牧草混播时，播种量按 2：1 计算，白三叶种子用量为 1.5~3.7 千克/公顷。白三叶可与粮食作物间作、套作，并注意适时中耕除草。

【利用特性】白三叶茎叶细软，叶量特多，营养丰富，尤富含粗蛋白，在初花期干物质中含量为 24.7%。白三叶在初花期即可刈割，春播当年，每公顷可收鲜草 11 250~15 000 千克，第二年可刈割多次，鲜草产量每公顷可达 37 500~45 000 千克，高者可达 75 000 千克以上。其与禾本科草的混合草的饲用价值超过单纯的禾本科牧草，且减少了因其引起牛腹泻、膨胀病的危险。

图 4-15　红三叶

红三叶

【生物学特性】多年生豆科牧草（图 4-15），喜温凉湿润气候。生长期适宜温度为 5~25℃，较耐酸性，但耐碱性较差。已在西南、华中、华北南部、东北南部和新疆等地栽培，是南方许多地区和北方一些地区较有前途的栽培草种。

【栽培技术】北方多为春播，南方则多为秋播，而以 9 月播种为最好。单播时需种子 11.5~15.0 千克/公顷，条播为宜，每公顷可施 300 千克过磷酸钙、150 千克钾盐。

【利用特性】红三叶是很好的放牧型牧草，常与白三叶、黑麦草混播供放牧利用。在干物质含量为 27.5% 的红三叶中，粗蛋白占干物质的 14.9%。适宜刈割期为初花期。早春播种的当年可刈割 2~3 次，鲜草产量 30 000~45 000 千克/公顷。

▶ 沙打旺

【生物学特性】多年生豆科牧草（图4-16），喜温暖气候，耐寒性好。沙打旺具有较强的抗旱性，耐瘠薄，耐盐碱。原产我国黄河流域，主要分布在北纬38°~43°。在河南、河北、山东、江苏北部等地栽培时间较久，我国北方各地均广泛种植，是保水、防风、固沙的水土保持植物，也是改土肥田的绿肥作物和良好的蜜源植物。在我国北方，沙打旺已成为退耕还草、改造荒山荒坡及盐碱沙地、防风固沙和治理水土流失的主要草种。

图4-16　沙打旺

【栽培技术】播种前应平整地块，以早春播种较好，春末和夏秋可趁雨抢播，但秋播时间不要迟于8月下旬，播种行距30~40厘米。苗期应及时中耕除草。

【利用特性】沙打旺营养价值高，几乎接近紫花苜蓿。氨基酸含量丰富，特别是必需氨基酸的含量占到氨基酸总量的25%。适口性较好。青饲在株高50~60厘米时刈割，青贮可在现蕾期刈割，调制干草则在现蕾至开花初期刈割为宜，且留茬高度5~10厘米。播种当年可刈割1~2次，其后每年可刈割2~3次。春播当年产鲜草15 000~45 000千克/公顷，此后可达75 000千克/公顷以上。

▶ 紫云英

【生物学特性】一年生或越年生豆科牧草（图4-17），喜温暖湿润气候，不耐寒，生长最适温度15~20℃。在我国长江流域及其以南广泛栽培，而以长江下游各省栽培最多。

【栽培技术】紫云英
一般秋播，以 9 月上旬到
10 月中旬为宜。播种量
一般为 30 ~ 45 千克 / 公
顷，与禾本科牧草（如多
花黑麦草）混播时，播
种量为 15 千克 / 公顷
即可。

【利用特性】紫云英
是轮作中的重要作物，也
是我国水田地区主要冬季
绿肥牧草。盛花期刈割最好。春播当年产量约 60 000 千
克 / 公顷。

图 4-17　紫云英

➤ 毛苕子

【生物学特性】一年生或越年生豆科牧草（图
4-18），喜温暖湿润气候，不耐高温，耐寒性较强，耐旱
能力也较强，耐阴性、耐
盐性和耐酸性均强。在我
国安徽、河南、四川、陕
西、甘肃等省栽培较多，
东北、华北也有栽培，是
世界上栽培最早、在温带
国家栽培最广的牧草和绿
肥作物。

【栽培技术】毛苕子
可与高粱、玉米、大豆等
轮作，亦可与禾本科牧草
混播。在北方可春播，或
与冬作物、中耕作物及春

图 4-18　毛苕子

种谷类作物进行间作、套作、复种。南方宜秋播。西北、华北及内蒙古等地多为春播。冬麦收获后复种亦可。播种量 45～60 千克／公顷，可条播、点播，播种深度 3～4 厘米。

【利用特性】毛苕子茎叶柔软，蛋白质含量丰富，在干物质含量为 14.8% 的开花期，粗蛋白含量占干物质的 23.38%。毛苕子从分枝盛期至结荚前均可分期刈割，或草层高度达 40～50 厘米时即可刈割利用。调制干草，宜在盛花期刈割；利用再生草，必须及时刈割并留茬 10 厘米左右。

▶ 百脉根

【生物学特性】多年生豆科牧草（图 4-19），喜温暖湿润气候，耐旱力较强，耐热能力很强，抗寒力较差，耐牧，耐践踏，病虫害少。在我国华南、西南、西北、华北等地均有栽培。

【栽培技术】百脉根春播、夏播、秋播均可，但秋播不宜过迟。播种量 6～10 千克／公顷。百脉根可与无芒雀麦、鸭茅、早熟禾等禾本科牧草混播。百脉根的根和茎也可用来切成短段扦插繁殖。

图 4-19　百脉根

【利用特性】百脉根茎细叶多，具有较高的营养价值，开花期百脉根粗蛋白含量为 21.4%。百脉根以初花期刈割最好，并保持 6～8 厘米留茬高度。在江苏扬州每年可收获 5 次，鲜草产量为 63 000 千克／公顷。百脉根由于含有抗臌胀因子（单宁），肉牛大量采食后不会像采食其他豆科牧草那样引发臌胀病。

▶ 胡枝子

【生物学特性】多年生豆科小灌木（图4-20），耐旱，耐阴，耐瘠薄，适应性强，尤其耐寒性极强。在我国的东北、华北、西北及湖北、浙江、江西、福建等省栽培较多。

【栽培技术】每公顷播种量为 7.5 千克，撒播可增至22.5 千克，播种深度 2 ~ 3 厘米，条播行距 70 ~ 100 厘米。苗期生长更慢，应注意中耕除草。

图 4-20 胡枝子

【利用特性】胡枝子在分枝期水分含量为 6.5%时，干物质中粗蛋白占 13.4%，且氨基酸含量丰富，消化率比其他灌木类牧草高，肉牛对其有机质的消化率为 53.3% ~ 57.6%。胡枝子可青饲，也可调制成干草，制干草时在开花期刈割为好。当胡枝子株高 40 ~ 50 厘米时即可刈割利用，其再生性较强，每年可刈割 2 ~ 3 次，产鲜草 22 500 ~ 30 000 千克 / 公顷。

▶ 一年生黑麦草

【生物学特性】一年生或越年生禾本科牧草（图4-21），喜温热湿润气候。耐湿和耐盐碱能力较强，不耐炎热，不耐干旱，中等耐寒，在水分充足和良好的排水条件下生长良好。一年生黑麦草是世界上利用最广泛的禾本科冷季型牧草，在我国有广泛栽培，已经成为南方地区尤其是西南地区、江浙等地区主要草种。

【栽培技术】南方地区宜秋播，播种量为 15～22 千克／公顷，可撒播、条播。播种前每公顷可施磷肥 750～1 000 千克、钾肥 150～225 千克作为底肥，在分蘖期前追施尿素 150～225 千克，以后每刈割一次每公顷追施尿素 100 千克。如果冬季闲田撒播时可在水稻收获前 15～20 天套播于水稻田中。一年生黑麦草生长迅速，产量高，较宜单播，亦可与三叶草、毛苕子、紫云英等混播。

图 4-21　一年生黑麦草

【利用特性】一年生黑麦草营养丰富（表 4-3），其产草主要集中在春季，适宜刈割期为拔节－孕穗期。一年生黑麦草生长迅速，产量高，在长江以南秋播翌年可收割 3～5 次，产量 60 000～75 000 千克／公顷。在良好水肥条件下，鲜草产量可达 150 000 千克／公顷。

▶ 多年生黑麦草

【生物学特性】多年生禾本科牧草（图 4-22），喜温凉湿润气候，耐寒、耐热性均差。在我国南方、华北、西南地区广泛栽培，但在南方海拔低于 800 米地区大多不能越夏。

【栽培技术】以早秋播种为宜。单播时播种量 15 千克／公顷，条播、撒播均可，条播行距为 15～20 厘米，覆土 2 厘米。南方雨水较多地区应开好排水沟。施肥量和方法与多花黑麦草相似，但多年生黑麦草栽培时应加大底肥施入量，并强调每次刈割后追肥，以维持多年生黑麦草持续高产。

【利用特性】多年生黑麦草和多花黑麦草品质均较为

优良，营养物质含量及必需氨基酸含量丰富（表 4-3、表 4-4）。用于放牧时应在草层高 20~30 厘米以上进行。刈制干草，以盛花期刈割为宜。一个生长季节可刈割2~4次，鲜草产量 45 000~60 000 千克/公顷。

图 4-22　多年生黑麦草

> **鸭茅**

【生物学特性】多年生禾本科牧草（图 4-23），喜温凉湿润气候，耐寒性中等，耐热

表 4-3　黑麦草属牧草抽穗期的营养成分（%）

草　种	水分	占 风 干 物 质				
		粗蛋白质	粗脂肪	粗纤维	无氮浸出物	粗灰分
多年生黑麦草	7.52	10.98	2.20	36.51	40.20	10.11
一年生黑麦草	7.10	7.36	2.97	36.80	42.97	9.90

表 4-4　黑麦草属必需氨基酸含量（占干物质%）

名　称	生育期	缬氨酸	苏氨酸	蛋氨酸	异亮氨酸	亮氨酸	苯丙氨酸	赖氨酸	精氨酸	组氨酸
多花黑麦草	抽穗	0.70	0.58	0.14	0.51	0.98	1.02	0.66	0.64	0.24
多年生黑麦草	抽穗	0.90	0.81	0.28	1.30	0.58	0.90	0.90	0.86	0.30

引自：孔庆馥，《中国饲用植物化学成分及营养价值表》，中国农业出版社，1990。

性差，耐阴性特别强，能耐旱。鸭茅再生能力强，放牧或割草以后，恢复很迅速，适应性广，耐牧性强。鸭茅是世界著名的优良牧草之一，在北美栽培历史超过200年，已成为美国、欧洲大面积栽培牧草之一，为中、高海拔地区广泛栽培的多年生草地当家草种。

我国西南地区、湖南、湖北等地栽培较多。

【栽培技术】可春播和秋播，南方地区秋播最好在9月下旬之前。宜条播，播种量11.25～15.00千克/公顷。播种前每公顷可施尿素150～225千克，磷肥750～1 000千克，钾肥150～225千克作为底肥，在分蘖期前追施尿素150～225千克，以后每刈割一次每公顷追施尿素100千克。此外，鸭茅还可与紫花苜蓿、白三叶、红三叶等豆科牧草混播。鸭茅较强的耐阴性决定了其可用于果园等地。

图4-23 鸭 茅

【利用特性】鸭茅叶量丰富，适口性好。孕穗期"宝兴"鸭茅在绝干物质状态下粗蛋白含量为13.21%。可供青饲、制干草或制作青贮料。可建植多年生人工混播草地供放牧利用或刈割鲜草饲喂。

饲用甜高粱

【生物学特性】一年生或越年生禾本科牧草（图4-24）。原产于热带，为暖季型高大禾本科牧草，喜温，抗旱性强，抗盐碱能力强，耐热性好，不耐寒。饲用甜高粱在我国南北方均有栽培。

【栽培技术】饲用甜高粱需水肥较多，播种前要施足底肥和农家肥，每公顷可施50 000千克，或施磷肥750～

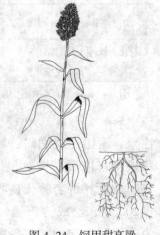

图4-24 饲用甜高粱

1 000 千克、钾肥 150 ～ 225 千克作为底肥，每次刈割后每公顷需追施尿素 200 千克。播种行距 30 厘米，用种量 24 千克 / 公顷，播种深度 3 ～ 4 厘米，播种后镇压一次。

【利用特性】饲用甜高粱植株高大，叶量多，茎秆含糖量多，营养丰富（表 4-5）。待植株高度约 1.2 米时即可刈割，然后用青切机打碎饲喂或作青贮加工，刈割注意留茬 15 厘米。饲用甜高粱在良好水肥条件下一季可刈割 3 ～ 4 次，产量可达到 120 000 ～ 210 000 千克 / 公顷。

表 4-5　拔节期饲用甜高粱营养成分含量（%）

干物质含量	粗蛋白	钙	磷	钾	中性洗涤纤维	酸性洗涤纤维
18	16.8	0.43	0.41	2.14	55	29

▶ 皇竹草

【生物学特性】多年生高大禾本科牧草（图 4-25），喜温暖湿润气候，高温、多雨也能正常生长。耐旱、耐湿，也耐盐碱，适宜在我国南方栽培，因为其优质高产，目前已经成为南方肉牛养殖的主要牧草之一。

【栽培技术】皇竹草适宜 600 米以下中、低海拔地区生长。生产上多采用分根和茎段扦插繁殖。北方在 4 月中旬，南方在 3 月中旬，选择粗壮、无病害的种茎切段，每段 3 ～ 4 节，成行斜插于土中，覆土 4 ～ 6 厘米，顶端一节露出地面。亦可育苗移栽。植后灌水，经 10 ～ 15 天即可成苗。皇竹草需要

图 4-25　皇竹草

充足的肥料供应以保证其高产特性，苗高约 20 厘米时，即可追施氮肥 200 千克/公顷，促进分蘖发生和生长，或在皇竹草栽培前或霜期前施入 10 000 千克/公顷牛粪。严重干旱也会抑制皇竹草生长，影响产量，一般连续干旱 30 天以上，要求灌水一次，可大大提高牧草产量。

【利用特性】皇竹草适宜刈割高度为 120～160 厘米，留茬高度 15 厘米（图 4-26）。一年可刈割 3～4 次，良好水肥条件下产量可达到 300 000～450 000 千克/公顷，甚至更高。

留茬高度
15 厘米

图 4-26　皇竹草适宜留茬高度

扁穗牛鞭草

【生物学特性】多年生禾本科牧草（图 4-27），在低湿处生长旺盛，适宜南方地区，主要生长在热带、亚热带、北半球的温带湿润地区，具有适应性广、耐刈割、适口性好、高抗及竞争性强等诸多优点，已成为当前西南地区及福建、广东等地重要牧草草种。

【栽培技术】扁穗牛鞭草栽培全部靠无性扦插，全年均可栽培，但以 5～9 月栽插为宜。栽植前，要将地翻耕耙平，按顺序排好种茎，然后覆土，使种茎有 1～2 节入土，1 节露出土面即可，抢在雨前扦插或栽后灌水，成活率很高。成活后和每次刈割后应追施氮肥 200

千克/公顷，也可在栽培前施入有机
肥 5 000 千克/公顷左右。

【利用特性】水分含量为 86.6%
的拔节期扁穗牛鞭草粗蛋白含量占干
物质的 17.28%。扁穗牛鞭草鲜喂利
用在孕穗期左右适宜，用作青贮时刈
割高度为 80 ~ 100 厘米。扁穗牛鞭草
每年可刈割 5 ~ 6 次，再生力强，年
产鲜草 60 000 ~ 90 000 千克/公顷。

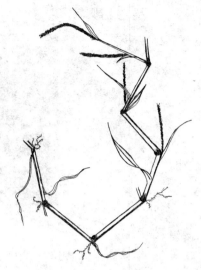

图 4-27　扁穗牛鞭草

▶ 串叶松香草

【生物学特性】多年生菊科牧草
（图 4-28），喜温、耐寒、抗热，喜
欢中性至微酸性的肥沃土壤。需水
较多，较抗旱，耐涝性较强，但抗
盐性及耐瘠薄能力差。串叶松香草在北美和欧洲地区均
有大面积栽培，在我国大部分地区均有栽培。

【栽培技术】串叶松香草根系深，栽培前最好深翻耕
土地至 20 厘米以上。播种前要施足
底肥，每公顷施厩肥 45 000 ~ 60 000
千克，磷肥 250 千克，氮肥 225 千
克。北方春、夏、冬三季均可播种。
可条播或穴播，以穴播为主，及时中
耕除草。

【利用特性】串叶松香草在现蕾
至开花初期开始刈割，鲜草产量可达
150 000 ~ 300 000 千克/公顷。

▶ 青贮玉米

【生物学特性】一年生禾本科牧
草（图 4-29），植株高大，茎叶繁
茂，要求温度较高，光照充足，且

图 4-28　串叶松香草

需肥较多。

图4-29　青贮玉米

【栽培技术】青贮玉米在北方的适宜播种期为4~5月，在南方地区以3月播种为宜。青贮玉米多采用穴播，可适当密植。栽培前每公顷应施农家肥30 000 ~ 45 000千克；种肥可施18.0 ~ 22.5千克尿素；拔节期时，每公顷可施尿素150千克、过磷酸钙300 ~ 450千克。田间管理主要包括补苗、间苗、中耕除草、浇水及防治地老虎等病虫害。

【利用特性】青贮玉米的适宜收割期为蜡熟期[1]，产量为50 000 ~ 60 000千克/公顷。可通过青切机具打碎后青贮加工。

▶ **墨西哥饲用玉米**

【生物学特性】墨西哥饲用玉米为一年生禾本科牧草（图4-30），分蘖力强，再生性强，为喜温、喜湿和耐肥的饲料作物，抗旱性和耐热性好，是我国热带、亚热带地区饲用价值很高的饲料作物。

【栽培技术】墨西哥饲用玉米播种量为15千克/公顷，直播或育苗移栽均可，行株距为50厘米×50厘米或60厘米×50厘米，每穴下种3 ~ 5粒。直播或育苗移栽每穴留1 ~ 2株。每次刈割都应及时补肥、灌溉，以保证

①其明显标记是靠近子粒尖的几层细胞变黑而形成黑层。检查方法是：在果穗中部剥下几粒，然后纵向切开或切下尖部能寻找到靠近尖部的黑层。

后茬的产量和品质。

【利用特性】当株高为 1 米左右便可刈割，一般一年可刈割 3～4 次，可产鲜草 75 000～90 000 千克 / 公顷。

图 4-30　墨西哥饲用玉米

▶ 菊苣

【生物学特性】菊苣为多年生菊科牧草（图 4-31），喜温暖湿润气候，根系发达，抗旱性较好，生长于低洼易涝地区易发生烂根，对氮肥敏感。在我国西北、华北、东北、西南地区广泛栽培。

【栽培技术】播种前宜精细整地，并施腐熟的有机肥作为底肥。宜春、秋两季播种，播种量为 7.5 千克 / 公顷，播种时最好用细沙与种子混合，以便播种均匀。条播、撒播均可，播后要及时镇压；也可育苗移栽，并要及时中耕除草。在返青及每次刈割后结合浇水追施速效复合肥 225～300 千克 / 公顷。积水后要及时排出，以防烂根死亡。

图 4-31　菊　苣

【利用特性】菊苣叶量丰富、鲜嫩，富含蛋白质、必需氨基酸和其他各种营养成分。菊苣在株高 40 厘米时即可刈割利用，每公顷产量为 60 000～100 000 千克。

▶ 高丹草

【生物学特性】高丹草为一年生或越年生禾本科牧草（图 4-32），为喜温植物，抗旱性强，耐热，不耐寒。在我国西北、华北、东北、西南地区广泛栽培。

【栽培技术】高丹草多条播,播种量为30千克/公顷,撒播为37.5~45.0千克/公顷。播种前要施足底肥和农家肥,每公顷可施50 000千克,或施磷肥750~1 000千克、钾肥150~225千克作为底肥,每次刈割后每公顷需追施尿素200千克。

【利用特性】高丹草营养价值高,适口性好,再生能力强,分蘖能力强。在灌溉条件下,北方可刈割3~4次;南方可刈割6~8次,最高产鲜草195 000千克/公顷左右。高丹草适于青饲、青贮,也可直接用于放牧和调制干草。

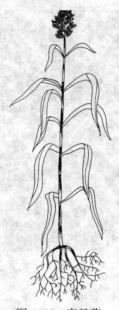

图4-32 高丹草

冰草

【生物学特性】冰草为多年生禾本科牧草(图4-33),喜冷凉气候,分蘖多,是草原区旱生植物,具有高度的抗寒、抗旱能力,适于在干燥寒冷地区生长。冰草是世界温带地区最重要的牧草之一,俄罗斯、北美等国大量栽培,在我国北方地区大量栽培,也是改良干旱、半干旱草原的重要栽培牧草之一。

【栽培技术】在寒冷地区可春播或夏播,冬季气候较温和的地区以秋播为好。播种量11.5~22.5千克/公顷。一般条播,亦可撒播,播种

图4-33 冰 草

后适当镇压。

【利用特性】冰草适宜刈割期为抽穗期，每年可刈割
2～3次，一般鲜草产量15 000～22 500千克/公顷。春
秋两季为主要生长和利用季节。

▶ 羊草

【生物学特性】羊草为多年生禾本
科牧草（图4-34），喜温耐寒，特别抗
旱和耐沙，抗碱性极强，但不耐涝。
羊草在我国广泛栽培，栽培面积已接
近100万公顷。天然羊草草地是我国
重要的饲料基地，仅东北松嫩平原就
拥有优质羊草草地330多万公顷，除
主要用于放牧外，还收获大量的优质
青干草。

图4-34 羊 草

【栽培技术】羊草可春播或夏播，
播种量37.5～45.0千克/公顷，多条
播。羊草以施氮肥为主，适当搭配磷
肥和钾肥，每公顷施腐熟的堆、厩肥
37 500～40 000千克。苗期注意除草。

【利用特性】羊草茎秆细嫩，叶量丰富，为肉牛喜
食。羊草为刈牧兼用型牧草，栽培的羊草主要用于调
制干草，孕穗期至始花期刈割为宜。羊草再生性良
好，水肥条件好时每年可刈割2次，通常再生草用于放
牧。

▶ 披碱草

【生物学特性】多年生禾本科牧草（图4-35），适应
性强，非常抗寒、耐旱、耐盐碱、抗风沙，干旱条件下
仍可获较高的产量。披碱草主要在我国东北、华北和西
南地区广泛栽培。

【栽培技术】播种前需要深翻土地，深耕18～22厘

图 4-35 披碱草

图 4-36 老芒麦

米，整平耙细后播种。同时，应施足基肥或播种时施种肥。春、夏、秋三季均可播种。单播行距 15～30 厘米，播种后要重镇压，以利保墒出壮苗。播种量 30～45 千克/公顷。

【利用特性】披碱草主要作刈割调制干草之用，以抽穗期刈割为宜。为了不影响越冬，应在霜前 1 个月结束刈割，留茬以 8～10 厘米为好，以利再生和越冬。在旱作条件下，一年只能刈割 1 次，干草产量 2 250～6 000 千克/公顷。

老芒麦

【生物学特性】老芒麦为多年生禾本科牧草（图 4-36），耐寒性强，可旱作栽培，对土壤要求不严。我国老芒麦主要分布于东北、华北、西北及青海、四川等地，是草甸草原和草甸群落中的主要优势牧草之一。目前，老芒麦已成为北方地区重要的栽培牧草。

【栽培技术】播种前需要深翻土地，施足基肥。春、夏、秋季播种均可。有灌溉条件或春墒较好地方可春播；无灌溉条件的干旱地方，以夏、秋季播种为宜；在生长季短的地方，可采用秋末冬初寄子播种；秋播则应在初霜前。宜条播，播种量 22.5～30.0 千克/公顷。

【利用特性】老芒麦草质柔软，叶量丰富，适口性好，各类家畜均喜食。宜抽穗至始花期进行利用。北方大部地区，每年刈割 1 次；水肥良好地区，每年可刈割 2 次，年产干草 3 000～6 000 千克/公顷。

3. 牧草区划

牧草区划是对牧草的适应性进行区域性划分，这种区划决定于气候条件。从牧草生存和生长的观点来看，最重要的气候指标是温度和雨量及其季节分布。对于牧草的适应性，极端温度比平均温度具有更大的决定作用。此外，局部气候条件是每个生产者首先关心的问题，掌握了牧草区划就比较容易评估不同地区牧草对肉牛生产潜力的影响。

中国主要栽培牧草区划方案将中国分为9个一级区和42个亚区。其中一级区包括：东北牧草栽培区（是羊草、苜蓿、沙打旺和胡枝子等的主要栽培区）、内蒙古牧草栽培区（东部适宜种植秋眠级低的紫花苜蓿、羊草、无芒雀麦、沙打旺、赖草、新麦草、老芒麦、披碱草、草木樨等，西部草原荒漠区适于种植沙生冰草、扁穗冰草、沙打旺等）、西北牧草栽培区（主要栽培紫花苜蓿、无芒雀麦、鸭茅、老芒麦、披碱草、红豆草、草木樨等）、青藏高原牧草栽培区（适宜种植老芒麦、垂穗披碱草等）、黄土高原牧草栽培区（主要栽培紫花苜蓿、无芒雀麦、沙打旺、小冠花、鸭茅、老芒麦、披碱草、红豆草、草木樨等）、长江中下游牧草栽培区（主要栽培白三叶、黑麦草、苇状羊茅、皇竹草、象草、苏丹草、雀稗无芒雀麦、鸭茅等）、西南牧草栽培区（主要栽培饲用甜高粱、菊苣、白三叶、黑麦草、苇状羊茅、皇竹草、象草、苏丹草、雀稗无芒雀麦、鸭茅等）、华南牧草栽培区（主要栽培象草、狼尾草、柱花草、百喜草、狗牙根等）。

4. 牧草调制加工技术

牧草调制加工①具有有效保存鲜草的营养成分、扩大

①主要包括牧草青贮、牧草氨化、牧草干草调制及草捆、草块、草颗粒等草产品的加工。

饲料来源、便于贮存和运输、改善原料的适口性、去除寄生虫、破坏抗营养因子等重要意义。

牧草青贮

◆ 牧草青贮的特点

【优点众多】能够保存青绿饲料的营养特性[①]。

可以四季供给肉牛青绿多汁饲料，并可长期保存利用。

青贮容器单位容积内贮量大[②]，贮藏效率高。

青贮牧草消化率高，适口性好，并能减少肉牛消化系统疾病和寄生虫病的发生。

青贮饲料调制方便，可以扩大饲料来源，有利于肉牛业集约化经营。

【方法多样】根据青贮容器划分：青贮塔青贮、青贮壕青贮、青贮袋青贮（图4-37）、青贮窖青贮（图4-38）等。

根据青贮方式划分：容器青贮、堆贮（图4-39）、打捆青贮（图4-40）等。

根据原料含水量划分：高水分青贮、低水分青贮、凋萎青贮等（表4-6）。

【原料关键】易于青贮的原料有玉米、高粱等。不易青贮的原料有苜蓿、三叶草、草木樨、大豆、豌豆、

①饲料在密封厌氧条件下保藏，由于不受日晒、雨淋的影响，也不受机械破坏影响；贮藏过程中，氧化分解作用微弱，养分损失少，一般不超过10%。

②青贮料每立方米重量为450～1 000千克，其中含干物质25%～35%。

图4-37　青贮袋青贮

图4-38　青贮窖青贮

图4-39 堆贮（青贮玉米）

图4-40 打捆青贮（扁穗牛鞭草）

表 4-6 原料含水量与青贮

青贮种类	原料含水量	青贮原理	青贮过程中存在的问题
高水分青贮	70%以上	依赖乳酸发酵	如果原料中含糖量少，容易引起酪酸发酵；因排汁而引起的养分损失大
凋萎青贮	60%~70%	依赖乳酸发酵	改善高水分青贮存在的问题，但受天气影响
低水分青贮	45%~60%	抑制酪酸发酵，需要密封性强的青贮容器	易受气候影响；晒干过程中养分损失稍大

紫云英、马铃薯茎叶等，只有与其他易于青贮的原料混贮，或添加富含碳水化合物的饲料，或加酸青贮才能成功。

青贮原料含水量适宜是青贮成功的必要条件之一。一般最适宜的含水量范围为65%~75%。

判断原料水分含量的简单办法是：将切碎的原料紧握手中，然后手自然松开，若仍保持球状，手有湿印，其水分含量在 68%～75%；若草球慢慢膨胀，手上无湿印，其水分含量在 60%～67%，适于豆科牧草的青贮；若手松开后，草球立即膨胀，其水分含量在 60%以下，只适于幼嫩牧草低水分青贮。

各种青贮原料单位容积的重量有明显差异（表4-7）。

表4-7　不同青贮料 1 米³ 重量（千克）

饲料名称	1 米³ 的重量
叶菜类、紫云英	800
甘薯藤	700～750
甘薯块根、胡萝卜等	900～1 000
萝卜叶、芜青叶、甘芙菜	610
牧草、野青草	600
青贮玉米、向日葵	500～550
青贮玉米秸	450～500

引自：杨文章，岳文斌，《肉牛养殖》，中国农业出版社，2001。

◆ 青贮设备

青贮设备最常用的有青贮塔（图4-41）、青贮窖（图4-42）、青贮壕、青贮袋。

青贮设备要求坚固牢实，不透气，不漏水[①]。

青贮设备中最常用的是青贮窖，有地上式（图4-43）及地下式（图4-44）两种。地下式青贮窖适于地下水位较低、土质较好的地区；地上式青贮窖适于地下水位较高或土质较差的地区。

青贮窖以圆形或长方形为好。有条件的可建成永久性窖：坚固耐用，内壁光滑，不透气，不漏水。圆形窖做成上大下小，便于压紧。地上式长形青贮窖窖底应有一定坡度，以利于取用完后部分雨水流出。

一般圆形青贮窖直径 2 米，深 3 米，直径与窖深之比以 1：（1.5～2.0）为宜。长方形窖的宽深之比为 1：

①建造或放置青贮设备的位置要求土质坚硬、地势高燥、地下水位低、靠近畜舍、远离水源和粪坑的地方。

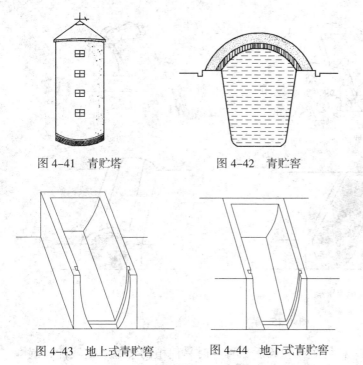

图 4-41 青贮塔　　　　图 4-42 青贮窖

图 4-43 地上式青贮窖　　图 4-44 地下式青贮窖

（1.5～2.0)，长度根据家畜头数和饲料多少而定。

◆ 牧草青贮的要点和方法

【青贮①要点】概括起来要做到"六随三要"，即随割、随运、随切、随装、随压、随封，连续进行，一次完成；原料要切短、装填要压实、窖顶要封严。

【青贮方法】青贮方法主要包括适时收割、切短、装填压实、密封（图 4-45)，以及日常管理和取用。

（1）原料的适时收割②　优质青贮原料是调制优良青贮料的物质基础。适宜期收割，不但可以在单位面积上获得最大营养物质产量，而且水分和可溶性碳水化合物含量适当，有利于乳酸发酵，易于制成优质青贮料。一般收割宁早勿迟，随收随贮。

（2）切短③　青贮原料切短的目的是为了便于装填紧实，取用方便，家畜便于采食，且减少浪费。同时，原

①饲料青贮是一项突击性工作，事先要把青贮窖、青贮切碎机或铡草机和运输车辆进行检修，并组织足够人力，以便在尽可能短的时间内完成。

②豆科牧草宜在现蕾期至开花初期进行收割，禾本科牧草在孕穗至抽穗期收割，甘薯藤、马铃薯茎叶在收薯前 1～2 天或霜前收割。原料收割后应立即运至青贮地点切短青贮。

③切短程度应视原料性质和畜禽需要来定，对牛来说，细茎植物如禾本科牧草、豆科牧草、幼嫩玉米苗等，切成 3～4 厘米长即可；对粗茎植物或粗硬的植物如玉米等，切成 2～3 厘米较为适宜；叶菜类和幼嫩植物，也可不切短青贮。

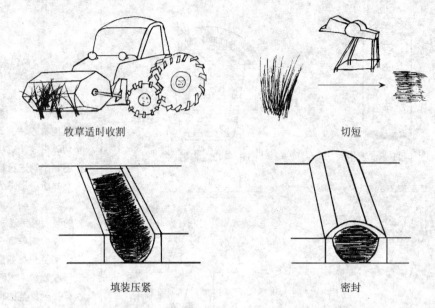

牧草适时收割   切短

填装压紧   密封

图4-45　青贮流程示意图

料切短或粉碎后，青贮时易使植物细胞渗出液汁，湿润表面，糖分流出附在原料表层，有利于乳酸菌的繁殖。

　　少量青贮原料的切短可用人工切碎，大规模青贮可用青贮切碎机（图4-46）。大型青贮料切碎机每小时可切割 5 000 ~ 6 000 千克，最高可切割 8 000 ~ 12 000 千克。小型切草机每小时可切割 250 ~ 800 千克。若条件具备，使用青贮玉米联合收获机，在田内通过机器一次完成割、切作业，然后送回装入青贮窖内，效率大大提高。

　　（3）装填压紧① 装窖前，先将窖或塔清扫干净，窖底部可填一层 10 ~ 15 厘米厚的切短的干秸秆或软草，以便吸收青贮液汁。若为土窖或四壁密封不好，可铺塑料薄膜。装填青贮料时应逐层装入，每层装 15 ~ 20 厘米厚，随即踩实，然后再继续装填。装填时，应特别注意四角与靠壁的地方，要达到弹力消失的程度，如此边装

　　①青贮料紧实程度是青贮成败的关键之一，青贮紧实度适当，发酵完成后饲料下沉不超过深度的10%。

图 4-46　青切机切碎牧草

边踩实，一直装满并高出窖口 70 厘米左右。长方形窖或地面青贮时，可用拖拉机进行碾压，小型窖亦可用人力踏实（图 4-47）。

（4）密封　填满窖后，先在上面盖一层切短秸秆或软草或铺塑料薄膜（图 4-48），然后再用土覆盖拍实，厚30～50 厘米，并做成馒头形，有利于排水。青贮窖密封后，为防止雨水渗入窖内，距离四周约 1 米处应挖排水沟。以后应经常检查，窖顶下沉有裂缝时，应及时覆土压实，防止雨水渗入。

（5）日常管理　经常检查青贮料外封是否完好，防鼠虫咬坏，防水淹。

图 4-47　人力踏实青贮牧草

图 4-48　青贮窖密封

图4-49　分层取用青贮牧草

①成年牛每100千克体重日喂青贮量：泌乳牛5~7千克，肥育牛4~5千克，种公牛1.5~2.0千克。

②指被刈割的青贮原料未经田间干燥即行贮存，一般情况下含水量均在70%以上。

③该技术于20世纪40年代初开始就在美国等国家广泛应用，至今在牧草青贮中仍然使用。在良好干燥条件下，经过4~6小时的晾晒或风干，使原料含水量达到60%~70%，再捡拾、切碎、入窖青贮。

（6）青贮牧草的取用　青贮饲料经1个月左右的青贮，就可开窖取用。取用时应由上而下，或从一端逐层取用（图4-49）。取料后必须及时将窖盖严，防止窖里面的青贮饲料与空气接触，发生霉烂。好的青贮饲料有酸香味，颜色为青绿或黄绿色，基本保持了原来的形态。如果气味恶臭，颜色暗褐或黑色，则品质低劣，不宜饲喂。

（7）青贮牧草的饲喂①

用青贮饲料喂牛，初喂时应由少到多，逐渐增加。由于青贮饲料有轻泻作用，怀孕母牛喂量不宜过多，产前半月应停喂。从窖中取出的青贮饲料，应当日取并当日喂完，不宜放得过久，以免与空气接触时间太长，使品质变坏。

◆ 青贮的主要类型

【高水分青贮②】这种青贮方式的优点为牧草不经晾晒，减少了气候影响和田间损失。其特点是作业简单、效率高。但是为了得到好的贮存效果，水分含量越高，越需要达到更低的pH。高水分对发酵过程有害，容易产生品质差和不稳定的青贮饲料。另外，由于渗漏，还会造成营养物质的大量流失，以及增加运输工作量。为了克服高水分引起的不利因素，可以添加能促进乳酸菌或抑制不良发酵的一些有效添加剂，促使其发酵理想。

【凋萎青贮③】将青贮原料晾晒，虽然干物质、胡萝卜素损失有所增加，但由于含水量适中，既可抑制不良微生物的繁殖而减少丁酸发酵引起的损失，又可在一定程度上减少流出液损失。适当凋萎的青贮料无需任何添加剂；此外，凋萎青贮含水量低，减少了运输工作量。

凋萎青贮制作历史久远，操作较简单，成本较低，但对青贮调制的条件和青贮原料都有较高的要求，调制青贮料时要满足天气晴朗、湿度较低，保证厌氧的条件，且青贮原料含水量适宜，糖分充足。

【半干青贮①】半干青贮的发酵过程分为三部分。首先是好气性发酵期，相比高水分青贮，半干青贮的好气性发酵期要长一些，因为半干青贮水分含量少，植物呼吸作用弱，形成厌氧状态慢；其次，是乳酸发酵期，由于半干青贮需要的萎蔫作用会导致附着在原料上的乳酸菌死掉一部分，因此相比高水分青贮，半干青贮乳酸菌繁殖缓慢，乳酸量也只有高水分青贮含量的一半；最后进入发酵稳定期，因为乳酸菌含量比高水分青贮的少，所以 pH 满足不了降至 4.2 以下。对于半干青贮，乳酸发酵并不是那么重要，只要使原料水分降低，微生物处于生理干燥状态，生长繁殖受到抑制，饲料中微生物发酵微弱，养分不被分解，从而达到保存养分安全贮藏的目的。

【添加剂青贮②】根据使用目的及效果，可将添加剂分为四类，分别是发酵促进剂、发酵抑制剂、好气性腐败菌抑制剂和营养性添加剂。

(1) 发酵促进剂　常用的发酵促进剂主要有乳酸菌制剂、酶制剂、糖类和富含糖分的饲料。

乳酸菌制剂：添加乳酸菌制剂可以扩大青贮原料中的乳酸菌群体，能够确保发酵初期所需的乳酸菌数量，争取早期进入乳酸发酵的优势。

酶制剂：主要是多种细胞壁分解酶，基本原理是将原料中的纤维素和半纤维素分解，产生可被利用的可溶性糖。

糖类和富含糖分的饲料：当原料中的可溶性糖分不足 2% 时，可通过添加含糖量高的饲料或者直接添加糖类

①又称为半干青贮。青贮原料水分含量低，含水量一般为 45%～60%。主要应用在豆科牧草上，在美国、加拿大、欧洲各国和日本等国家已广泛应用。

②在常规青贮的基础上增加了一个步骤，即在原料装填时加入适当的添加剂。

物质来改善发酵效果。这类添加剂包括糖蜜、葡萄糖、谷类和米糠等。

（2）发酵抑制剂　常用的发酵抑制剂主要有甲酸和甲醛。

甲酸：甲酸能抑制原料的呼吸作用和细菌的活动，且快速降低 pH，降低营养物质的分解水平。

甲醛：可以有效地抑制微生物生长繁殖，能够阻止或减弱瘤胃微生物对食入蛋白的分解，使家畜可以吸收利用大部分蛋白质。

（3）好气性变质抑制剂　这类抑制剂主要包含丙酸、己酸、乳酸菌制剂、山梨酸和氨等。

（4）营养性添加剂　营养性添加剂主要作用是使青贮饲料营养价值得到改善，使用最广泛的是尿素。

▶ 青干草①制作

◆青干草特点

优质的青干草颜色青绿，气味芳香，质地柔松，叶片不脱落或脱落很少，绝大部分的蛋白质、脂肪、矿物质和维生素被保存下来，是家畜冬季和早春不可少的饲草。

青干草调制方法简便、成本低，便于长期大量贮藏，在肉牛饲养上有重要作用。

青干草调制在国外较为常用（图 4-50）。

①青干草是将牧草及禾谷类作物在质量和产量最好的时期刈割，经自然或人工干燥调制成能长期保存的饲草。青干草可常年供家畜饲用。

图 4-50　利用稻草制作青干草（日本）

◆ 青干草制作方法

【田间干燥法】田间干燥法包括平铺晒草法、小堆晒草法，或平铺晒草与小堆晒草结合法①。

田间干燥要注意牧草的适时收割。豆科牧草适宜刈割期为现蕾开花期，禾本科牧草则为抽穗开花期。田间干燥法简便、经济，但易受天气状况影响。

【草棚干燥法】在湿润地区或多雨季节晒草，宜采用草棚干燥法。用草棚干燥（图4-51），可先在地面干燥4～10小时，含水量降到40%～50%时，然后自下而上逐渐堆放。

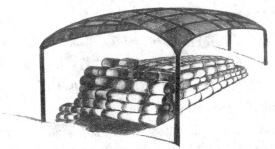

图4-51　草棚干燥

鉴于草棚自然干燥所需时间较长且可能引起霉变损耗，在光热资源丰富的地区可以考虑建造太阳能大棚干燥干草（图4-52）。

【化学制剂干燥法】化学制剂可加速豆科牧草的干燥速度，应用较多的有碳酸钾、碳酸钾和长链脂肪酸混合液、碳酸氢钠等，但成本较高，适宜在大型草场进行。

图4-52　太阳能大棚干燥干草

【人工干燥法】人工干燥法（图4-53）即通过人工热源加温使饲草脱水。温度越高，干燥时间越短，效果越好。150℃干燥20～40分钟即可；温度高于500℃，6～

① 青草刈割后即可在原地或另选一地势较高处将青草摊开曝晒，每隔数小时翻草一次，以加速水分蒸发。一般是早上刈割，傍晚叶片已凋萎，其水分估计已降至50%左右，此时就可把青草集成约1米³的小堆，每天翻动一次，使其逐渐风干。如遇天气恶化，草堆外层宜盖草苫或塑料布，以防雨水冲淋。天气晴朗时，再倒堆翻晒，直至干燥。

图4-53　牧草的人工干燥和加工

10秒即可。人工干燥最大优点是：时间短，不受雨水影响，营养物质损失小，能很好地保留原料本色。但干燥成本较高。

> **草产品**

草产品主要包括草粉、草捆、草块、草颗粒等。

①一般草颗粒的容重为草粉的2～2.5倍，减少了草的运输体积，同时减少了与空气的接触面积，减少养分的氧化。并且在压制过程中，还可加入抗氧化剂，以减少胡萝卜素及其他维生素的损失。

为了减少草粉在贮存过程中的营养损失和便于运输，生产中常把草粉压制成草颗粒①、草块（图4-54），或将干草做成草捆（图4-55）。

加工成草产品的原料主要有紫花苜蓿、三叶草等优质豆科牧草以及豆科与禾本科混播的牧草，优良的黑麦草、燕麦（图4-56）、羊草（图4-57）等禾本科牧草也可作为原料，也包括一些农业副产品：棉籽壳（图4-58）、花生藤（图4-59）、玉米秸秆（图4-60、图4-61）等。

苜蓿草叶颗粒　　苜蓿草茎颗粒　　苜蓿草块

图4-54　草块及草颗粒（苜蓿）

图 4-55　草捆（苜蓿）

图 4-56　燕麦茎秆颗粒

图 4-57　羊草草捆

图 4-58　棉籽壳颗粒

图 4-59　花生藤捆

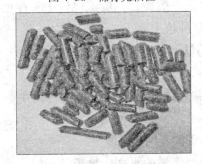

图 4-60　玉米秸秆颗粒

图 4-61　玉米秸秆块

143

加工草产品时对牧草的质量要求较高，故对刈割期的选择尤为重要，一般在牧草蛋白质和维生素含量及产量较高的时期刈割，具体刈割期与青干草基本相同。采用先平铺后小堆的田间干燥法或人工烘干，有利于保持草产品的绿色和良好的品质。牧草干燥至水分含量为13%～15%时，即可制作草产品。

5. 肉牛生产草畜配套技术

▶ 草畜配套概述

◆ 草畜配套是根据当地的草地面积、产量以及可用作饲草栽培的土地面积和预计的青草产量，计划和落实草食畜禽的规模，组织青饲料周年均衡供应。草畜配套技术包括两方面的内容，一方面是以草定畜，保证牧草供应量；另一方面把牧草品质与畜禽营养需要联系起来，主要考虑蛋白质、纤维含量和干物质采食量。

◆ 现代规模化集约化养殖业中草畜配套还包括畜禽产生的粪污要有相对应面积的种草或农作物的土地合理消纳，且保证土地和地下水不被污染，从而达到土地利用可持续发展和生态环保[1]。

◆ 就肉牛而言，中等体型肉牛每天需要30～50千克的优质鲜草或青贮饲料，因此，规模养殖条件下优质牧草饲料的供应非常重要。一般而言，应该保证1头存栏牛有0.1公顷左右的饲草种植土地。

▶ 肉牛生产草畜配套方法

◆ 核实养殖规模

包括牛场年存栏牛只数量、类别及年出栏肉牛数量等。

◆ 评价当地的饲草资源及饲料来源

各地饲草资源由所处区域的水文、地理、气候、土

[1] 在美国，政府规定每养殖一头肉牛，需要1公顷左右的牧草或作物耕作土地消纳所产生的粪污。

壤等环境条件决定。评价饲草资源前，需要先了解地形地貌、降水量、月份气温状况、土壤条件、海拔等相关环境特点，并开展详细的饲草种类、产量、生长规律等调查和研究。明确适合本地区栽培利用的常用优质当家草种和草品种①，不同季节生长的牧草的类型②，以及牧草供应时期、供应量。其次，对当地作物栽培制度、规模和类别作详细了解，以了解作物秸秆的产量；对当地加工产业进行调查，了解加工副产物（酒糟、豆腐渣等）的数量和质量，探明饲料来源。尤其是农作物秸秆、加工副产物的合理利用，不仅可以扩大肉牛养殖的饲料来源、有效降低养殖成本，还能减少环境污染。

◆ 计算饲草需要量

根据牛场的养殖规模、生产目标（日增重等）、饲养方式（放牧、舍饲、放牧＋补饲），结合当地饲草资源及《肉牛饲养标准》计算出饲草需要量。

◆ 制订牧草种植计划

牧草种植计划要求充分考虑当地具体情况，制订时要添加10%的保险系数，并预见牧草种植可能的损失和消耗。

制订牧草种植计划尽量考虑多种栽培模式相结合。

一年生短季牧草栽培尽量用冷季型牧草和暖季型牧草轮作或套作(图4-62)，错开播种期和利用期，提高土地利用率和复种指数，增加单位面积土地牧草产量和供草期限。

多年生牧草栽培尽量采用禾本科牧草和豆科牧草混播(图4-63)，这样既可以提高单位面

图4-62　甜高粱与黑麦草套作

①南方地区湿度大，地形多以丘陵山区和盆地为主，适宜栽培的牧草品种包括扁穗牛鞭草、青贮玉米、皇竹草、饲用甜高粱、一年生黑麦草、鸭茅、红三叶、白三叶等。北方地区冬季寒冷，地形包括平原、山地等，宜选用抗寒性强的品种，适宜栽培的牧草品种包括紫花苜蓿、羊草、胡枝子等。

②牧草类型主要包括冷季型牧草和暖季型牧草。前者主要生长在冬、春季节，最适宜生长温度为15～25℃，主要包括一年生黑麦草、高羊茅、燕麦等。后者主要生长期在夏季，最适宜生长温度为25～35℃，主要包括甜高粱、高丹草、青贮玉米等短季高大牧草。

积土地牧草产量，更可以兼顾肉牛饲草能量和蛋白质的供应，提高牧草品质。

可选用相同种牧草的不同成熟特性品种（早熟型和晚熟型）同期播种，分期收获。

可充分利用闲置田土或作物收获间隙增种短期速生牧草，大力提倡在冬闲田栽培多花黑麦草（图4-64），开展水稻与黑麦草轮作。

图4-63 鸭茅与紫花苜蓿、白三叶混播　　图4-64 冬闲田栽培多花黑麦草

◆ 制订牧草加工贮存计划

肉牛规模养殖需要定时、定量持续供应饲草，但受生长季节或天气限制，在生产实际中鲜草很难满足要求，因此，需要制订详细计划开展牧草青贮及调制干草的加工、贮存等。开展牧草加工贮存是草畜配套的基本保证。

肉牛生产草畜配套实例

以重庆市一个年存栏100头的规模肉牛养殖场为例，设计草畜配套牧草供应方案。

◆ 养殖规模

该肉牛养殖场开展架子牛（平均体重300千克）育肥，存栏100头。

◆ 饲草资源及饲料来源

养殖场位于海拔300米的丘陵地区，属亚热带润湿季风气候区，年平均气温 18℃，无霜期 300 天，日照 1 300 小时，降水量 1 200 毫米左右。气候温和且四季分明，具有春雨、伏旱、秋绵及冬干的特点。土壤为酸性黄壤，pH6.6。适宜栽培的牧草品种有一年生黑麦草、皇竹草、青贮玉米、甜高粱、扁穗牛鞭草、苇状羊茅、紫花苜蓿、拉巴豆、白三叶，其供草情况见表4-8。

①一个生长季节内只种植一种牧草的栽培方式。

表 4-8　牧草栽培模式及牧草供应情况（千克）

牧草栽培模式		每亩单产量与月份												总计
		1	2	3	4	5	6	7	8	9	10	11	12	
套作	一年生黑麦草	生长	500	1000	1000	1500	500			播种	生长	生长	500	5 000
	皇竹草	休眠	休眠	扦插	生长	生长	1000	2500	1500	2000	2000	1000	休眠	10 000
套作	一年生黑麦草	生长	500	1000	1000	1500	500			播种	生长	生长	500	5 000
	青贮玉米				播种	生长	生长	生长	5 500					5 500
套作	一年生黑麦草	生长	500	1000	1000	1500	500			播种	生长	生长	500	5 000
	甜高粱				播种	生长	生长	1000	1000	2000	2000	1000		7 000
皇竹草		休眠	休眠	扦插	生长	生长	5000	1000	生长	1000	1000	2000	2000	12 000
扁穗牛鞭草		生长	生长	扦插	生长	500	500	1000	1000	1000	500	500	生长	5 000
紫花苜蓿		休眠	休眠	500	500	500	500	生长	生长	500	500	500	休眠	3 500
拉巴豆和甜高粱套作				播种	生长	生长	1000	2000	2000	2000	1000	1000	1000	10 000
苇状羊茅与白三叶混播		生长	500	1000	1000	1500	500	生长	生长	播种（生长）	生长	生长	500	5 000

注：由于不同地域地理、气候的差异，其他相似区域使用本方案应根据本地具体情况作调整。

当地饲料作物的栽培方式主要有：

【单播】①一年生黑麦草、紫花苜蓿、扁穗牛鞭草、皇竹草适宜春季单播，其中，扁穗牛鞭草用茎秆、老根等营养体扦插繁殖。

①将生长习性相近的饲草种子混合在一起播种的牧草栽培方式。混播多用于人工草地的建设。

【混播】①苇状羊茅与白三叶混播可建植多年生草地或进行草地改良（图4-65）。

图4-65　苇状羊茅与白三叶混播

【套作】②

（1）皇竹草与一年生黑麦草套作　皇竹草鲜草利用期为5~11月，可在10月中下旬在皇竹草行间套种一年生黑麦草（图4-66）。一年生黑麦草鲜草利用期为12月至翌年5月。5月将一年生黑麦草全部收割以促进皇竹草生长。

②在前季牧草生长的后期，将后季牧草种植于行间的栽培方式。套作中两种牧草有一段时期的共同生长期。

图4-66　皇竹草与黑麦草套作

（2）饲用甜高粱或青贮玉米和拉巴豆套作　饲用甜高粱具有高产和碳水化合物含量高的特点，拉巴豆具有蛋白质含量高的特点，将饲用甜高粱或青贮玉米和拉巴豆套作（图4-67），不仅可以提高牧草产量，而且可提高牧草品质。

【轮作】①

（1）**一年生黑麦草与甜高粱轮作**　一年生黑麦草播种和生长季节是 9 月至翌年 5 月，饲用甜高粱的播种和生长期是 4~11 月，可以通过条播的方式开展轮作（图4-68）。

①在同一块田地上有顺序地在年度间轮换种植不同牧草或复种组合的栽培方式。

图 4-67　青贮玉米与拉巴豆套作

图 4-68　甜高粱与一年生黑麦草轮作

（2）**饲用甜高粱与饲用作物轮作**　芜菁甘蓝、莞根和良种萝卜等饲料作物是含水量和产量均较高的短季冬春作物，适宜与饲用甜高粱等短季暖性高产牧草轮作（图 4-69）。这种栽培模式可以在占总计划面积 10% 的机动种植牧草土地中利用，较好地解决肉牛生产冬、春季节牧草缺乏的难题。

◆ **饲草需要量**

采用舍饲育肥方式，育肥期 180 天，日增重 1.2 千克，年出栏 2 批。

参照《肉牛饲养标准》（2004），列出牛只营养需要

图 4-69 饲用甜高粱与芜菁甘蓝轮作

（表 4-9）。

表 4-9　育肥牛营养需要

平均体重 （千克）	日增重 （千克/天）	干物质进食量 （千克/天）	肉牛能 量单位	粗蛋白 （克/天）	钙 （克/天）	磷 （克/天）
300	1.2	7.64	5.69	850	38	19

①精粗比：一般育肥前期为 30：70，育肥后期为 50：50。架子牛、妊娠母牛为（10～20）：（80～90），哺乳母牛为（20～30）：（70～80）。

全年干物质进食量约为 278 860 千克。育肥期精料补充料与青粗饲料比例（精粗比①）按 40：60 设计，全年青粗饲料的干物质进食量为 167 316 千克。

日粮构成中每天每头提供 2 千克秸秆（玉米秸秆、稻草）、6 千克酒糟，参照《饲料成分与营养价值表》（表 4-10），玉米秸秆（干物质含量按 90% 计算）及酒糟

表 4-10　饲料原料的部分营养成分

名　称	样品说明	干物质含量 （%）	粗蛋白 （%）	肉牛能量 （单位/千克）	钙 （%）	磷 （%）
玉　　米	23 省平均	88.4	8.6	1.00	0.08	0.21
玉米秸秆	辽宁	90.0	5.9	0.31	—	—
稻　　草	河南	90.3	6.2	0.22	0.56	0.17
皇竹草	重庆	20	2.0	0.13	0.15	0.02
玉米青贮	全株	22.7	1.6	0.12	0.10	0.06
黑麦草	一年生	18.0	3.3	0.14	0.13	0.05
苜蓿干草	北京	92.4	16.8	0.56	1.95	0.28
羊　　草	黑龙江	91.6	7.4	0.46	0.37	0.18
酒　　糟	玉米酒糟	21	4	0.15	—	—
啤酒糟	2 省平均	23.4	6.8	0.17	0.09	0.18

表 4-11　牧草种植计划及供求关系分析（千克）

牧草种植模式	面积（亩）	产量·月份												总计
		1	2	3	4	5	6	7	8	9	10	11	12	
套作　一年生黑麦草	10	生长	5 000	10 000	10 000	15 000	5 000			播种	生长	生长	5 000	50 000
皇竹草		休眠	休眠	扦插	生长	生长	10 000	25 000	15 000	20 000	20 000	10 000	休眠	100 000
套作　一年生黑麦草	10	生长	5 000	10 000	10 000	15 000	5 000			播种	生长	生长	5 000	50 000
青贮玉米					播种	生长	生长	生长	55 000	播种				55 000
套作　一年生黑麦草	4.5	生长	2 250	4 500	4 500	6 750	2 250			播种	生长	生长	2 250	22 500
甜高粱		生长	生长	播种	生长	生长	4 500	4 500	9 000	9 000	4 500	生长		31 500
总产量		0	12 250	24 500	24 500	36 750	26 750	29 500	79 000	29 000	24 500	10 000	12 250	309 000
总需求量		25 495	25 495	25 495	25 495	25 495	25 495	25 495	25 495	25 495	25 495	25 495	25 495	305 940
供求量差异		−25 495	−13 245	−995	−995	+11 255	+1 255	+4 005	+53 505	+3 505	−995	−15 495	−13 245	+3 060
对策		饲喂青 贮牧草	饲喂青 贮牧草	饲喂青 贮牧草	饲喂青 贮牧草	剩余牧草 青贮 草贮	剩余牧草 青贮 草贮	剩余牧草 青贮 草贮	剩余牧草 青贮 草贮	剩余牧草 青贮 草贮	饲喂青 贮牧草	饲喂青 贮牧草	饲喂青 贮牧草	

151

（干物质含量按21%计算）全年提供干物质111 690千克；全年需种植牧草提供干物质55 626千克，鲜草量（干物质含量平均按20%计算）为278 130千克，按10%的安全系数，全年需种植牧草提供鲜草量约为305 940千克，平均每月为25 495千克。

◆ 牧草种植计划

根据牧草需要量及当地牧草的栽培方式，制订牧草种植计划（表4-11）。

需种植24.5亩牧草，全年可提供鲜草309 000千克。

◆ 牧草及农副产品贮存及秸秆收贮计划

【牧草青贮】根据种植计划及牧草供求关系分析，全年青贮牧草最大容量为73 525千克（5～9月青贮量），按照平均600千克/米^{3}的青贮容积计算，需修建123米^{3}青贮设备开展青贮。

【酒糟贮存】采用鲜酒糟贮存技术，新鲜酒糟发酵贮存1个月后饲喂。牛场每月需酒糟18 000千克，按10%损耗需购入19 800千克。按照酒糟平均700千克/米^{3}的青贮容积计算，应修建29米^{3}贮存设备贮存酒糟。

【秸秆收贮】牛场全年需秸秆72 000千克，按10%损耗需购入79 200千克。如果2/3为玉米秸秆、1/3为稻草，玉米秸秆产量按800千克/亩、稻草按500千克/亩计算，需收购66亩玉米种植地秸秆、53亩稻田种植地秸秆。从10月起，可利用取用青贮料后空出的青贮设施对秸秆有计划地收贮，并进行氨化等处理。

五、肉牛消化生理及饲料配制

内容要素
- 肉牛消化生理
- 肉牛饲料特性
- 肉牛饲料加工调制
- 肉牛营养需要与饲料配制

1. 肉牛消化生理

▶ 肉牛消化道特点

　　肉牛作为反刍动物，其消化系统较单胃动物复杂（图 5-1），具有庞大的复胃，包括瘤胃、网胃、瓣胃及

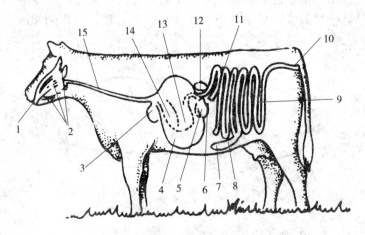

图 5-1　肉牛的消化系统

1.口腔　2.唾液腺　3.网胃　4.瘤胃　5.肝　6.胆囊　7.绒毛　8.盲肠
9.大肠　10.肛门　11.小肠　12.胰腺　13.皱胃　14.瓣胃　15.食管

153

皱胃（图5-2）。前三个胃的黏膜没有腺体，主要用于贮存食物、发酵和分解纤维素，合称为前胃。

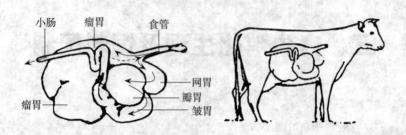

图5-2　肉牛胃的结构

◆ 瘤胃

瘤胃是微生物发酵饲料的主要场所，有"发酵罐"之称。瘤胃内寄居着大量厌氧微生物[1]，主要作用是降解纤维素、碳水化合物及含氮物，氢化不饱和脂肪酸，还能合成B族维生素和维生素K。

新生犊牛瘤胃体积很小（图5-3），微生物区系尚未形成，机能不发达，还不具有发酵饲料特别是粗饲料的作用。植物性饲料能促进犊牛瘤胃的生长发育，应提早补饲精料、优质干草等。成年牛瘤胃容积占牛胃的80%左右。

[1]主要由纤毛虫、细菌和真菌组成，微生物的种类随着饲料种类、饲喂制度以及年龄等因素不同而有所变化。

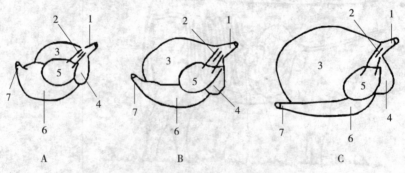

图5-3　肉牛胃生长发育示意图

A.1周龄　B.3~4月龄　C.成年

1.贲门　2.食管沟　3.瘤胃　4.网胃　5.瓣胃　6.皱胃　7.幽门

◆ 网胃

网胃又称蜂窝胃，功能同瘤胃，还能帮助食团逆呕和排出胃内的发酵气体。但当饲料中混入铁钉、铁丝等异物时，易在网胃底沉积，造成创伤性网胃炎或创伤性心包炎。

◆ 瓣胃

瓣胃又叫百叶胃，作用是吸收饲料内的水分和挤压磨碎较大食糜颗粒。

◆ 皱胃

皱胃的黏膜内有消化腺，机能与一般单胃相同，能分泌消化液，具有真正消化的作用，故又称真胃。

肉牛消化生理特点

◆ 啃食能力差

肉牛无上门齿，有齿垫，嘴唇厚，舌大而灵活，吃草时靠舌头伸出把草卷入口中，放牧时牧草在 30 ~ 45 厘米时采食最快，而不能啃食过矮的草，故春季不宜过早放牧[①]。

◆ 采食速度快

肉牛的采食很粗糙，采食速度快，不经仔细咀嚼即将饲料匆匆咽下[②]。

◆ 分泌唾液量大

肉牛一昼夜可分泌唾液 100 ~ 150 升。唾液分泌有助于消化饲料和形成食团，有利于维持瘤胃内环境的稳定和保持氮素循环。

◆ 反刍时间长[③]

肉牛休息时，在瘤胃中经过浸泡的食团刺激瘤胃前庭和食管沟的感受器，兴奋传至中枢，引起食道的逆蠕动，食团通过逆呕返送到口腔，经再咀嚼，混入唾液，再吞咽，这一生理过程称反刍。一般饲喂后 0.5 ~ 1 小时开始，每次 40 ~ 50 分钟，一昼夜 6 ~ 8 次。肉牛反刍行为

①开春不宜过早开牧，防止"跑青"，以草高 10 厘米以上开牧为宜。

②饲料喂前要清除一切异物如铁丝、铁钉、玻璃、石块等，以避免牛咽下而发生创伤性网胃炎。

③反刍消失通常是肉牛患病的第一征兆。

的建立与瘤胃的发育有关，犊牛大约在 3 周龄时出现反刍。

◆ 嗳气

肉牛采食后及反刍时，常发出往外吐气的声音，即嗳气。牛瘤胃每昼夜可产生 600～1 300 升气体，其中 50%～70%为二氧化碳，20%～45%为甲烷。此外，还有少量氨气和硫化氢等。气体排不出来就会发生臌胀[1]（图5-4）。

◆ 食管沟反射

犊牛有食管沟，始于贲门，向下延伸至网胃-瓣胃口，它是食管的延续，当犊牛吸吮乳头或哺乳器时，引进食管沟

①当采食大量幼嫩或带有露水的豆科牧草和富含淀粉的根茎类饲料时，瘤胃发酵作用急剧，所产生气体来不及排出时，就会出现瘤胃臌胀。

图5-4　瘤胃臌胀正面观

反射性收缩呈管状，使乳汁或其他液体食物越过瘤胃和网胃，直接进入瓣胃和皱胃，有效地防止乳汁等液体食物进入瘤胃和网胃而引起细菌发酵和消化道疾病。哺乳期结束的育成牛和成年牛食管沟反射逐渐消失，食管沟退化。

2. 肉牛饲料特性

饲料是肉牛赖以生存、生产的物质基础。为了科学合理地利用饲料及便于日粮配合，了解肉牛的饲料种类和特性十分必要。

➤ 青绿饲料

青绿饲料是指天然水分含量高于 60%的青绿多汁饲料，主要有天然牧草、栽培牧草、青饲作物、叶菜类植

物、树叶类植物、水生类植物等（图 5-5 至图 5-12）。

图 5-5　天然牧草

图 5-6　黑麦草（栽培牧草）

图 5-7　秣食豆（青饲作物）

图 5-8　聚合草（叶菜类）

图 5-9　桑树叶（树叶类）

图 5-10　紫穗槐叶（树叶类）

图 5-11　水浮莲（水生类）

图 5-12　水葫芦（水生类）

粗蛋白质含量一般占干物质的 10%～20%，粗脂肪 4%～5%，粗纤维 18%～30%，干物质中无氮浸出物含量为 40%～50%。钙、磷含量丰富，且比例比较适宜，尤其是豆科牧草含量比较丰富。青绿饲料质地松软，易消化，适口性好，消化利用率高。青绿饲料能量低，应注意与能量饲料、蛋白质饲料配合使用，饲喂不超过日粮干物质的 20%。使用时，注意的事项有：适时刈割；更换时过渡；强化卫生质量，防止中毒；堆放保存时的环境温度适宜。

▶ 粗饲料

干物质中粗纤维含量 18% 以上的饲料统称为粗饲料，包括干草、秸秆、荚、秕壳、藤、蔓、秧等农副产品。粗饲料来源广，成本低，粗纤维含量高，粗蛋白质含量因种类不同差异很大（2%～20%），钙含量高，磷含量低，维生素 D 含量丰富，其他维生素含量稀少，体积大，适口性差，消化率低。

◆ 干草

干草指人工栽培牧草或野生牧草在未结籽实前刈割经晒干或人工干燥调制而成，其水分含量在 14%～17%（图 5-13）。干草是牧草长期贮藏的最好方式，可以保证饲料的均衡供应。干草营养价值的高低取决于制作干草的青饲料种类、收割期、调制与贮藏方法等。豆科干草的营养价值一般优于禾本科干草。优质干草含有丰富的粗蛋白质、胡萝卜素、维生素 D 及无机盐，适口性好，可代替青绿饲料和精饲料。干草的喂量可占牛日粮能量的 30%～60%。使用时注意：使用量；采用适宜的加工方法；贮存时防霉变；防止农药中毒。

图 5-13　苜蓿干草

◆ 秸秆

秸秆是各种作物收割籽实后的茎叶，来源非常广泛，主要包括玉米秸、稻草、小麦秸、高粱秸及各种豆秸等（图 5-14、图 5-15）。这类饲料的特点是容积大，蛋白质含量低，适口性差，干物质中粗纤维含量较高，可达 30%～45%，消化率较低。若单纯用秸秆喂牛，难以满足牛对能量和蛋白质的需要，最好搭配一定量的青饲料或精饲料以满足肉牛营养需要，并且饲喂前应对秸秆进行必要的加工调制。

◆ 秕壳

秕壳类饲料是籽实作物收获脱粒或清理时的副产品，包括籽实的颖壳、荚皮及不实籽粒等。常用的秕壳类饲

①粗纤维含量高，含有硅酸盐和蜡质，适口性差，营养价值低。收集时最好用打捆机打捆（长 0.6~1.3 米，宽 0.46 米，厚 0.36 米）。

②粗蛋白质含量为 3%~5%，粗脂肪含量为 1.2%，粗纤维含量为 35.5%，无氮浸出物含量为 39.8%，粗灰分含量为 17%，且硅酸盐所占比例大，造成消化率低。加工以采用铡短（长 1 厘米左右）或揉搓两种方法较好，不宜粉碎成粉状喂牛。以稻草为主的日粮中应补充钙，建议使用时对稻草进行氨化、碱化处理或添加尿素。

图 5-14　小麦秸①

图 5-15　稻草②

料有豆荚、花生壳及稻壳等（图 5-16 至图 5-19）。秕壳类饲料木质化程度较高，适口性差，难以消化，粗蛋白质含量低，营养价值低。但各种豆荚含蛋白质较高，质量较好，其营养价值略优于同一作物的秸秆。秕壳类饲料含较高的硅酸盐，用量太大可致消化道食糜流通受阻，影响消化。

▶ **青贮饲料**

青贮饲料是肉牛的基本饲料，它是将新鲜的青绿饲料（玉米秸秆、苜蓿、野草等）收获后直接或经适当的

图 5-16　大豆荚

图 5-17　蚕豆荚

图 5-18　稻谷壳

图 5-19　荞麦壳

处理后，装入青贮塔、青贮窖或青贮袋中，隔绝空气，经过乳酸菌的发酵作用而制成的一种饲料（图 5-20）。青贮饲料的特点是鲜嫩多汁，富含蛋白质和多种维生素，适口性好，易消化，其中粗纤维消化

图 5-20　青贮玉米秸

率在65%左右，无氮浸出物的消化率在60%左右，并且胡萝卜素含量较多。青贮饲料营养价值因青贮原料不同而异，由于酸度较高，饲喂时一般加入碳酸氢钠。犊牛和妊娠母牛应限制喂量。

▶ 能量饲料

能量饲料指每千克饲料干物质中含消化能在10.46兆焦以上、粗纤维在18%以下、粗蛋白质在20%以下的饲料，是肉牛能量的主要来源。

◆ 谷实类

谷实类即禾本科籽实，因含消化能高、粗纤维低而称为高能饲料。主要特点：含淀粉等无氮浸出物多（70%~80%）；含蛋白质较少（9%~12%），且生物学价值低；粗纤维含量一般在10%以下；钙低磷高，钙、磷比例不当；缺乏赖氨酸、蛋氨酸和色氨酸；维生素A、维生素D含量极少，但维生素B_1和维生素E含量丰富。在肉牛精饲料中所占比例最大，一般为50%~70%。

【玉米】[①]玉米的特点是含能量高。黄玉米中胡萝卜素含量高；蛋白质含量9%左右，且品质不佳，缺乏赖氨酸和色氨酸；钙、磷均少，且比例不合适，是一种养分不平衡的高能饲料（图5-21）。玉米发霉后，色泽发生褐变，黄曲霉素含量增高，饲用价值降低。故应与饼粕类蛋白质饲料搭配使用和注意补充钙。

【大麦】蛋白质含量高于玉米，品质亦好，赖氨酸和异亮氨酸含量均高于玉米；粗纤维较玉米多；能量低于玉米；富含B族维生素，缺乏胡萝卜素、维生素D、维生素K及维生素B_{12}。用大麦可改善牛奶、黄油和体脂肪的品质，但在日粮中用量不能过多（控制在50%以下）（图5-22）。

①被称为"饲料之王"，是肉牛最好的能量饲料。应注意控制水分含量在14%以下。

图 5-21　玉　米

图 5-22　大　麦

【高粱】①能量仅次于玉米，蛋白质含量略高于玉米（图 5-23）。高粱在瘤胃中的降解率低，因含单宁酸，苦涩味重，适口性差。采用水浸、蒸汽处理、氨化或添加胆碱等含甲基的化合物可以去除或破坏高粱中的单宁。用量一般为玉米的 80%～95%，喂牛易引起便秘。经加工处理，可提高利用率 10%～15%。

【小麦】②与玉米相比，能量较低，但蛋白质及维生素含量较高，缺乏赖氨酸，所含 B 族维生素及维生素 E 较多。牛饲料中的用量以不超过 50% 为宜，并以粗碎和压片效果最佳，不能整粒饲喂或粉碎过细（图 5-24）。

①是肉牛的良好能量饲料，但必须与其他能量饲料搭配使用。

②生产高档牛肉的极优质能量饲料，在育肥期结束前 120～150 天，每头每天饲喂 1.5～2 千克，效果极佳。

图 5-23　高　粱

图 5-24　小　麦

◆ 糠麸类

糠麸类能量饲料是粮食加工的副产品，主要有麦麸、米糠、大豆皮、高粱糠、玉米皮等。与原粮相比，除无氮浸出物含量较少以外，其他各种养分含量都很高。因纤维素含量比原粮稍高，故消化率比原粮稍低。富含 B 族维生素。磷的含量较高，可达 1%以上，但 70%为难以消化的植酸磷。结构疏松、体积大、容重小、吸水膨胀性强，有一定轻泻作用。

【麸皮】麸皮营养价值因麦类品种和出粉率的高低而不同（图 5-25）。大麦麸在能量、蛋白质、粗纤维含量上优于小麦麸。麸皮富含 B 族维生素和维生素 E，含磷量较高，但磷多钙少，钙、磷比不平衡。麸皮的容积大，纤维含量高，适口性好，镁盐丰富，具有轻泻和调养作用，常用于妊娠后期和泌乳期母牛，肉牛精料中可用到 40% ~ 50%。

【米糠】米糠的质量随所加工的精米的质量而变化（图 5-26）。粗脂肪较高，达 10% ~ 18%，在微生物及酶的作用下，极易引起脂肪酸败变质，尤其在夏季酸败更快，从而降低饲用价值，酸败的米糠还会导致适口性差和引起腹泻。米糠必须新鲜，为便于保存，可进行脱脂。新鲜米糠具有清香和淡甜味，对牛的适口

图 5-25 麸 皮

图 5-26 米 糠

性较好，能值高，肉牛的精料中可用至 20%，用量过多会影响牛奶和牛肉的品质，脱脂米糠在精料中一般可用到 30%。

◆ 块根、块茎饲料

块根、块茎饲料主要包括甘薯、马铃薯、木薯、胡萝卜、南瓜等。此类饲料共同特点是水分含量高，一般为 75% ~ 90%，无氮浸出物含量丰富，主要为糖、淀粉，粗纤维含量低，消化率高。

【甘薯】又名红薯、白薯、番薯、地瓜等，是我国产量最大的薯类作物（图 5-27）。甘薯富含淀粉，粗纤维含量很低，热能低于玉米，粗蛋白质及钙的含量低，多汁、味甜，适口性好，生熟都可饲喂。保存不当则出现黑斑、生芽或腐烂，黑斑甘薯味苦有毒，不宜饲用，牛吃后易引发气喘病，重者死亡。

【马铃薯】又名土豆、洋芋等（图 5-28）。马铃薯富含淀粉，与蛋白质饲料、谷实饲料混喂效果较好。马铃薯对牛的适口性良好，生喂和熟喂的效果相似。马铃薯贮藏不当而发芽变绿时，含有龙葵素，采食过量会导致牛中毒。因此，发芽的马铃薯喂前应去皮和芽，并进行蒸煮。

图 5-27　甘　薯

图 5-28　马铃薯

【胡萝卜】胡萝卜营养丰富、耐贮藏，是肉牛冬、春季节重要的多汁饲料，是胡萝卜素的来源（图 5-29）。

图 5-29　胡萝卜

胡萝卜含有较高的能量和丰富的胡萝卜素，并富含钾和铁，水分含量高，容积大，无氮浸出物中含有蔗糖和果糖，口味好，可改善日粮的适口性，调节消化机能，促进泌乳和提高牛乳品质。丰富的胡萝卜素还有利于肉牛维持正常的繁殖机能和提高繁殖性能。胡萝卜以生喂效果为好，或加工成特种青贮，日喂量可达 20～30 千克。

蛋白质饲料

凡饲料干物质中粗纤维含量低于 18%，粗蛋白质含量高于 20% 的饲料，均属于蛋白质饲料，包括植物性蛋白质饲料和糟渣类蛋白质饲料。

◆植物性蛋白质饲料

【豆科籽实类】豆类籽实的主要特点是粗蛋白质含量高，蛋白质的品质较好。常见有大豆、豌豆、蚕豆等（图 5-30、图 5-31）。蛋白质含量为 20%～40%，能值高，无氮浸出物含量低。因大豆中含有脲酶可加速尿素分解，不宜与尿素合用。

【饼粕类】饼粕类蛋白质营养价值很高，粗蛋白质的消化率及利用率均较高。粗脂肪含量随加工方法不同而异，一般在 5% 左右；无氮浸出物约占 1/3；加工去壳后粗纤维含量为 6%～7%，消化率高。含磷量比钙多，B 族

图5-30 豌豆

图5-31 蚕豆

维生素含量高，胡萝卜素含量很少。

（1）大豆饼粕 粗蛋白质含量为38%～47%，品质较好，赖氨酸含量高，蛋氨酸不足。大豆饼粕是肉牛的优质蛋白质饲料（图5-32），无用量限制，但价格较贵。

（2）菜籽饼粕 是油菜籽榨油后的副产品（图5-33），有效能低，适口性差，粗蛋白质含量为34%～39%，蛋氨酸含量较高，钙、磷含量高。菜籽饼粕含有芥酸、硫葡萄糖苷、单宁等毒素，肉牛日粮中控制在15%左右。

（3）棉籽饼粕 是棉籽脱油后的副产品（图5-34），

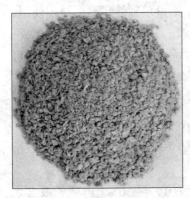

图5-32 大豆饼粕

图5-33 菜籽饼粕

营养价值以去壳粕为高。棉饼中含有游离的棉酚，摄食过量或饲喂时间过长，会导致牛中毒。肉牛用量以不超过20%为宜。

（4）花生粕　花生粕适口性好，但贮藏不当极易感染黄曲霉，饲喂时要严加注意（图5-35）。

图 5-34　棉籽饼粕

图 5-35　花生粕

◆糟渣类蛋白质饲料

糟渣类蛋白质饲料多是酿造工业的副产品，主要有啤酒糟、白酒糟、豆腐渣、淀粉渣、柑橘渣、醋糟、酱油渣等。不但含有一定营养物质，而且具有开食、健胃、助消化和促进食欲的功能。不可单独使用，要搭配使用，且应限制饲喂。应随吃随取，新鲜饲喂，或晒干存放，或经青贮或氨化处理存放。放置过久或酸度过大时，可用1%～2%的石灰水搅拌后再喂。

【啤酒糟】鲜糟中水分含量达75%以上，不易贮存。干糟中蛋白质含量为25%，体积大，纤维含量高（图5-36）。鲜糟日喂量不超过10～15千克，干糟不超过精料30%为宜。

【白酒糟】蛋白质含量为19%～30%，鲜糟一般含水分70%左右，堆放极易发霉变质（图5-37）。鲜糟日喂量

图 5-36　烘干啤酒糟　　　　　　　　　图 5-37　白酒糟

15 千克左右，妊娠母牛尤其是妊娠后期应限量使用，以免引起流产。

【豆腐渣】多为豆科籽实类加工副产品（图 5-38），干物质含量 20%以上，粗纤维含量高，维生素缺乏，消化率低。水分含量高，一般不宜存放过久，否则极易被霉菌及腐败菌污染变质。

图 5-38　豆腐渣

▷ 矿物质饲料

◆ 食盐

给量应占日粮饲喂量的 0.5%～1%。可拌在精料中饲喂，也可与其他矿物质混合制成盐砖让牛舔食。在缺碘地区，以碘盐补给。

◆含钙、磷的矿物质

单纯含磷的矿物质饲料不多，一般不单独补给。钙和磷是一对相辅相成的矿物质元素，缺少其中任何一个或比例不适，都会影响机体健康。肉牛的几种常见矿物质饲料见表 5-1，通常给量为精料的 1.5% ~ 2%。

表 5-1　肉牛的几种常见矿物质饲料

名　称	钙（%）	磷（%）	备　注
石　粉	32.7	0.1	碳酸钙含量为 89%
贝　壳　粉	37.0	0	
碳　酸　钙	40.0	0	
蛋　壳　粉	38.7	0.47	
磷　酸　钙	33.0	14.0	
磷　酸　氢　钙	23.0	20.0	
脱氟磷灰石	38.0	20.0	
磷　酸　氢　钠	0	25.8	
磷酸二氢钠	0	31.9	含钠 19.5%
磷　酸	0	31.9	含钠 32.38%

▶ **添加剂饲料**

主要由维生素、微量元素、促生长剂、缓冲剂、保健剂等及其载体配制而成，一般给量占精料量的 1%。

◆ 维生素添加剂

由于饲料中维生素的含量受很多因素的影响，含量往往不高，秸秆中含的维生素更少。肉牛瘤胃微生物能合成 B 族维生素和维生素 K，应特别注意维生素 A、维生素 D、维生素 E 的补充。幼龄牛（8 周龄前）需考虑 B 族维生素的供应。维生素添加剂的种类和使用量要根据日粮种类和肉牛生长阶段决定，维生素添加剂与精料补充料要拌匀后饲喂。

◆ 微量元素添加剂

要考虑对钴、铜、锌等的补充，在缺硒地区还要考虑添加硒。微量元素添加剂可拌入精料中，也可将其制成舔盐或矿物砖的形式让牛自由舔食，达到补充的目的。

◆ 非蛋白氮添加剂

由于瘤胃微生物可利用氨合成蛋白质，故饲料中可添加一定量的非蛋白氮来代替饲料中的天然蛋白质，但数量和使用方法需要严格控制。

尿素的最高添加量不能超过干物质采食量的 1%、精料补充料的 2%～3%、青贮料的 0.5%，而且必须逐步增加；尿素必须与其他精料一起混匀后饲喂，不得单独饲喂或溶解到水中饮喂；尿素只能用于 6 月龄以上、瘤胃发育完全的牛；尿素只有在瘤胃可降解蛋白质不足时才有效，不得与含脲酶高的大豆粕一起使用。

为防止尿素中毒[①]，近年来开发出的糊化淀粉尿素、磷酸脲等缓释尿素产品，使用效果优于尿素，可以根据日粮蛋白质平衡情况适量使用。

◆ 饲草调味剂

按每 100 千克秸秆喷入 2～3 千克含糖精 1～2 克、食盐 100～200 克的水溶液，在饲喂前喷洒，所生产的鲜草味香，可提高牛的采食量。

◆ 益生素

益生素是一种取代或平衡胃肠道内微生态系统中一种或多种菌系作用的微生物制剂，如乳酸杆菌、双歧杆菌、枯草杆菌等。添加量一般为肉牛日粮的 0.02%～0.2%。

◆ 膨润土

膨润土是一种有层状结晶结构的含水铝硅酸盐矿物质，含有肉牛生长所需的铁、磷、钾、铜、锌、锰等 20 多种元素。在舍饲育肥时，每天每头可使用 50～100 毫克。

◆ 促生长剂

常用的促生长剂有抗生素类促生长剂及埋植剂。莫

①中毒症状：前胃蠕动迟缓，反刍次数减少或停止，牛表现不安，采食量减少甚至拒食，流涎，呼吸短促，脉搏变弱，肌肉颤抖、痉挛，甚至死亡。当出现类似中毒征兆时，灌服 20%醋酸溶液或食醋 2～3 升，如果加服 10%葡萄糖溶液 0.5～2 升，或 20%～30%糖浆 1～1.5 升，则解毒效果更佳。

能霉素又称瘤胃素，是最常用的抗生素类促生长剂，可提高肉牛的食欲，促进营养物质的吸收，减轻消化道内细菌感染症状。在舍饲育肥时，每天每头牛可使用 150 ~ 200 毫克。

◆ 缓冲剂

缓冲剂主要有碳酸氢钠、碳酸钠、粗碱及氧化镁等。在给肉牛喂大量高精料口粮或大量青饲料时，瘤胃内酸度提高，碱性降低，不利于微生物的繁殖，容易出现酸中毒。使用缓冲剂，可防止这种现象的发生，提高采食量和饲料消化率，提高肉牛生长速度。常用缓冲剂的使用量见表 5-2。

表 5-2　常用缓冲剂的使用量

缓冲剂名称	占混合精料 （%）
碳酸氢钠	0.7~1.0
碳酸氢钠-氧化镁（1∶0.3）	0.5~1.0
碳酸氢钠-磷酸二氢钾（2∶1）	0.5~1.36
丙酸钠	0.5

◆ 中草药饲料添加剂

中草药含有多种微量养分和免疫因子，在肉牛生产中使用可提高肉牛饲料转化效率，增强抵抗疾病的能力，缓减环境应激产生的不良反应，使肉牛产品安全无公害。

3. 肉牛饲料的加工调制

▶ 物理法

◆ 精饲料的加工调制

玉米、高粱等经蒸煮后再压扁。

豆科及禾本科籽实喂前蒸煮与焙炒。

精饲料磨碎，以中磨为好，即细度直径为 1 ~ 2 毫米。

粉尘多的饲料喂前湿润，坚硬的籽实或油饼喂前浸泡。

◆ 青干草的加工调制

◆ 秸秆类粗饲料的加工调制

【热喷】结合氨化进行热喷处理。

【切短】切短至 3 ~ 4 厘米，多种秸秆混合饲喂。

【膨化】用膨化机膨化。

【粉碎】粉碎至 1 ~ 2 厘米，与其他饲料混合饲喂。

【揉搓】用秸秆揉搓机揉搓成丝条状。

【软化】用 0.5% 的食盐水浸泡软化 1 天左右，拌入少量精料后饲喂。

【碾青】将秸秆、青绿饲料、秸秆按 1 : 1 : 1 的比例平铺并碾压，即碾青。

【制粒】用饲料压缩机制成直径 4 ~ 5 毫米、长 10 ~ 15 毫米的颗粒，即制粒。

◆ 舔砖的制作

舔砖（图 5-39）类型多，主要有尿素砖、盐砖、微量元素砖等，制作方法有凝固法和机压法等。

凝固法是用水泥做成型剂，参考配方（%）为：尿素 10、水泥 10、糖蜜 38、麸皮 40、食盐 1、微量元素 1。

图 5-39　舔　砖

机压法是将尿素与其他成分充分混合后压制而成，参考配方（%）为：尿素 30、食盐 30、磷酸二铵 30、硫胺 7、糖蜜 3。

舔砖要避免雨淋，且注意防止牛舔食过多而导致中毒。

▶ 化学法

◆ 秸秆碱化处理

方法一：将铡短的秸秆在 1.5%氢氧化钠溶液中浸泡 24 小时后，捞出冲洗、沥干，即可饲喂。

方法二：给秸秆中拌入 3%～6%的生石灰，再喷适量的水，在潮湿状态下保持 3～4 天，即可饲喂。

方法三：给铡短的秸秆上喷洒 1.5%氢氧化钠溶液，随喷随拌，经 3～4 天熟化后，即可饲喂。通常，以每 100 千克秸秆用 1.5%氢氧化钠溶液 30 升为宜。

方法四：将秸秆浸入石灰乳（45 千克生石灰加水 1 000 升）中 3～5 分钟，捞出后放置 24 小时，即可饲喂。

方法五：在 100 千克稻草、麦秸中加 3 千克生石灰或 9 千克熟石灰，再加 0.5～1 千克食盐和 150 升水，经蒸煮 3～4 小时或浸泡 12～24 小时，捞出后，即可饲喂。

◆ 秸秆氨化处理

氨化剂有尿素、液氨、氨水、碳铵等。其中，液氨和尿素氨化处理秸秆效果最好，而尿素氨化法最常用（图 5-40）。方法是将 3 千克尿素溶于 60 千克水中，均匀喷洒在 100 千克铡短的秸秆上，逐层堆放，最后用塑料薄膜盖严密封，夏季氨化 1 周，春秋季 2～4 周，冬季 4～8 周，即可饲喂。饲喂前，要先将取出的氨化饲料摊放在阴凉处 10～24 小时，直至无刺鼻气味方可饲喂。一般需要 3～5 天的过渡适应期。

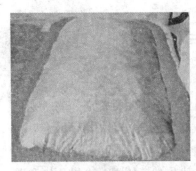

用地窖调制　　　　　　　　　　堆垛调制

用塑料袋调制　　　　　　　　　用缸调制

图 5–40　秸秆氨化处理方法

◆ 发芽

禾谷类籽实经发芽后可成为良好的维生素补充饲料。发芽方法：将要发芽的籽实用 15℃的温水或冷水浸泡 12 ~ 24 小时后摊放在木盘或细筛内，厚 3 ~ 5 厘米，上盖麻袋或草席，经常喷洒清水，保持湿润。发芽室内温度宜控制在 20 ~ 25℃，一般经 5 ~ 8 天即可发芽。

◆ 青贮

◆ 糖化

精饲料适合进行糖化处理。方法：籽实磨碎后加入 2.5 倍的热水，搅拌均匀，放在 55 ~ 60℃的温度下，4 小时后，即可使用。若加入 2%的麦芽，糖化作用更快。

4. 肉牛的营养需要与饲料配制

▶ 营养需要

营养需要是肉牛达到一定的生产性能时，每天对能量、蛋白质、无机盐、维生素等养分的需要量。其中，所需养分的一部分用于维持肉牛本身的基本生命活动，表现在基础代谢、自由活动及维持体温三个方面，称为维持需要；摄食养分的总量减去维持需要则为生产需要，表现为肉牛的生长、繁殖或产奶。

◆ 干物质

干物质是肉牛对所有固形饲料养分需要量的总称。肉牛干物质进食量受体重、增重水平、饲料能量浓度、日粮类型、饲料加工调制方式、饲养方式和气候条件等因素的影响，通常占肉牛体重的 3% ~ 5%，在饲喂时需要严格控制。

根据国内饲养试验结果，日粮代谢能浓度在每千克干物质 8.37 ~ 10.46 兆焦，干物质进食量的参考计算公式为：

【生长肥育牛】

干物质进食量（千克） $= 0.062W^{0.75} + \Delta W\ (1.529\ 6 + 0.003\ 7W)$

【妊娠母牛后期】

干物质进食量（千克） $= 0.062W^{0.75} +\ (0.790 + 0.055\ 87t)$

【哺乳母牛】

干物质进食量（千克） $= 0.062W^{0.75} + 0.45 \times FCM$

式中：W 为体重（千克），$W^{0.75}$ 为代谢体重（千克），ΔW 为日增重（千克），FCM 为标准乳[1]产量（千克），t 为妊娠天数。

肉牛体重与代谢体重关系见表5-3。

①指乳脂率为 4% 的乳，换算公式为：$FCM = (0.4 + 15 \times 乳脂率) \times 奶产量$。

表 5-3　体重与代谢体重关系

体重 （千克）	代谢体重 （千克）
150	42.86
175	48.11
200	53.18
225	58.09
250	62.87
275	67.53
300	72.08
325	76.54
350	80.92
375	85.22
400	89.44
425	93.60
450	97.70
475	101.75
500	105.74

◆ 能量

能量是肉牛的第一营养需要，是进行一切生命和生产活动的基础。肉牛所需能量主要来源于饲料中的碳水化合物（粗纤维和淀粉）。需要量较高时，可通过添喂油脂来满足部分能量。应当避免用蛋白质转化为能量。

【维持需要】肉牛标准（2004）推荐为 $322W^{0.75}$，当气温低于 12℃时，每降低 1℃，维持需要量增加 1%。

【增重需要】

增重需要 $=\{322W^{0.75}+[(2\,092+25.1\times W)\times\Delta W]\div$
$(1-0.3\times\Delta W)\}\times F$

式中：F 为综合净能校正系数，见表 5-4。

【哺乳需要】维持净能需要为 $0.322W^{0.75}$，泌乳的净能需要按每千克标准乳含 3.138 兆焦计算。

◆ 蛋白质

蛋白质是一切生命的物质基础。根据肉牛的不同生理状态调整合理的饲粮蛋白质水平是保证肉牛健康、提

表 5-4　不同体重和日增重的肉牛综合净能校正系数（F）

体重 （千克）	日增重 （千克/天）											
	0	0.3	0.4	0.5	0.6	0.7	0.8	0.9	1	1.1	1.2	1.3
150～200	0.850	0.960	0.965	0.970	0.975	0.978	0.988	1.000	1.020	1.040	1.060	1.080
225	0.864	0.974	0.979	0.984	0.989	0.992	1.002	1.014	1.034	1.054	1.074	1.094
250	0.877	0.987	0.992	0.997	1.002	1.005	1.015	1.027	1.047	1.067	1.087	1.107
275	0.891	1.001	1.006	1.011	1.016	1.019	1.029	1.041	1.061	1.081	1.101	1.121
300	0.904	1.014	—	1.024	1.029	1.032	1.042	1.054	1.074	1.094	1.114	1.134
325	0.910	1.020	1.025	1.030	1.035	1.038	1.048	1.060	1.080	1.100	1.120	1.140
350	0.915	1.025	1.030	1.035	1.040	1.043	1.053	1.065	1.085	1.105	1.125	1.145
375	0.921	1.031	1.036	1.041	1.046	1.049	1.059	1.071	1.091	1.111	1.131	1.151
400	0.927	1.037	1.042	1.047	1.052	1.055	1.065	1.077	1.097	1.117	1.137	1.157
425	0.930	1.040	1.045	1.050	1.055	1.058	—	—	1.100	1.120	1.140	1.160
450	0.932	1.042	1.047	1.052	1.057	1.060	1.070	1.082	1.102	1.122	1.142	1.162
475	0.935	1.045	1.050	1.055	1.060	1.063	1.073	1.085	1.105	1.125	1.145	1.165
500	0.937	1.047	1.052	1.057	1.062	1.065	1.075	1.087	1.107	1.127	1.147	1.167

高生产力的重要环节。一般情况下，要求日粮中粗蛋白质的含量：犊牛应达到 18%，成年牛应达到 12%。

【维持需要】我国肉牛饲养标准（2004）建议肉牛维持粗蛋白质需要为 $5.43W^{0.75}$，维持小肠可消化粗蛋白质为 $3.69W^{0.75}$。

【增重需要】增重时蛋白质沉积随着动物活重、生长阶段、性别、增重率变化而变化。生长牛增重时粗蛋白质需要量（克）$= \Delta W \times (168.07 - 0.168\,69 \times W + 0.000\,163\,3 \times W^2) \times (1.12 - 0.123\,3 \times \Delta W) \div 0.34$，生长公牛在此基础上增加 10%。

【妊娠需要】妊娠 6～9 个月时粗蛋白质需要量分别为 77 克/天、145 克/天、255 克/天、403 克/天。

【哺乳需要】按 1 千克标准乳供给可消化粗蛋白质 85 克计算，泌乳时小肠可消化粗蛋白质需要量 = 每日乳蛋白质产量 /0.70。

◆ 维生素

维生素需要量甚微，但缺乏可导致生长停滞、生产性能下降、繁殖机能紊乱、抗病力减弱。牛瘤胃微生物能合成 B 族维生素和维生素 K，牛体内能合成维生素 C，因此，饲养过程中不必考虑此类维生素的补充。

【维生素 A】肉牛对维生素 A 需要量按每千克饲料干物质中含量计，生长肥育牛为 2 200 单位或 β-胡萝卜素 5.5 毫克；妊娠母牛为 2 800 单位或 β-胡萝卜素 7.0 毫克；哺乳母牛 3 900 单位或 β-胡萝卜素 9.75 毫克。

【维生素 D】肉牛对维生素 D 的需要量为每千克干物质 275 单位。肉牛接受日光照射或采食晒制青干草，均可得到充足的维生素 D。

【维生素 E】肉牛对维生素 E 需要量：幼年犊牛每千克干物质 15～60 单位，生长肥育阉牛每千克干物质 50～100 单位，成年牛每千克干物质 15～16 单位。

◆ 矿物质

【钙和磷】日粮中钙、磷供应不足或利用率过低，均可造成为骨骼病变和代谢障碍。日粮中钙、磷过量，进食量大于需要量的 1.5 倍时，吸收率降低。母牛分娩前 1～2 周宜使用低钙日粮，产犊后立即恢复正常的日粮钙、磷水平。钙与磷的比例以（1.5～2）∶1 为宜。

【钠】肉牛对钠的需要量占日粮干物质的 0.06%～0.10%。日粮含食盐 0.15%～0.25%，即可满足钠和氯的需要。

【硫】瘤胃微生物能用无机硫合成含硫氨基酸和维生素 B_1，硫缺乏时微生物数量减少，饲料消化率降低，非蛋白氮的利用率下降，微生物蛋白质合成量减少。日粮干物质中硫的含量以 0.08%～0.15%为宜，超过 0.3%则可能产生厌食、腹泻和抑郁等毒性反应，补饲尿素时可按每 100 克尿素加 3 克硫的比例补充。

◆ 水

水是成本最低廉的营养素。在生产实践中，满足肉牛对水的需要量十分重要。缺水易造成代谢紊乱，使肉牛健康受损，生长迟缓，产奶量降低。母牛的需水量与干物质采食量呈正相关，通常干物质采食量与饮水量之比为1：4左右。

日粮配合

日粮是指一头牛一昼夜所采食的各种饲料的总称，通常包括青饲料、粗饲料、精饲料和添加剂饲料。肉牛的日粮通常根据肉牛的特点和生产目的，选用多种饲料原料，按《饲养标准》中肉牛对各种营养指标的要求及饲料资源情况等，结合生产实际合理搭配而构成。

◆ 日粮配合原则（图5-41）

①以干物质为基础，日粮中粗饲料比例一般在40%~60%，强度育肥时精饲料比例可提到70%~80%，粗纤维含量都应在15%以上。

②饲料未受农药污染，不发霉变质，不含有国家禁用的药品（物质）和兽药，细菌、重金属等含量不超标，符合《国家饲料卫生标准》，有效成分及含量符合国家质量标准或生产企业的质量标准。饲料添加剂要严格按照农业部第2045号公告《饲料添加剂品种目录》规定使用。新发现和研制的饲料和饲料添加剂，必须经农业部批准后方可销售和使用。

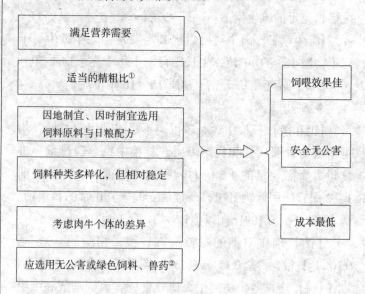

图5-41 日粮配合原则

◆日粮配合的相关资料

肉牛饲养标准。

常用饲料营养成分表。

当地饲料种类、生产、供给、质量、价格状况表。

肉牛品种、体重、年龄、所处环境及要达到的生产水平。

肉牛对某些饲料或养分的最大限量或配比范围。

类似情况的典型日粮配方或经验日粮配方。

◆ 日粮配合的一般步骤（图5-42）

◆ 日粮配合的方法

一般日粮配合方法有方形法、试差法和计算机专用程序优化法，现介绍前两种。

【方形法】

例：给体重为300千克、日增重1.2千克的肥育小阉牛配合日粮，所用饲料为玉米秸、玉米和豆饼，要求所配日粮的粗蛋白质含量为14%。

第一步，查饲料营养成分表，三种饲料的粗蛋白质含量分别为：玉米秸8.5%、玉米8.6%、豆饼43.0%。

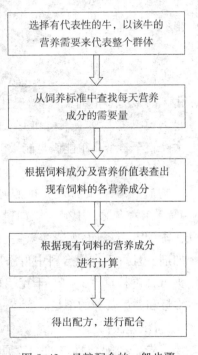

图5-42 日粮配合的一般步骤

第二步，画一四方形，其对角线中央为日粮所要求的粗蛋白质含量（图5-43）。由于玉米和玉米秸所含粗蛋白质很接近，故将其作为一组（先假定玉米和玉米秸的比例为1∶4)放在四方形的左上角，豆饼放在左下角。将玉米、玉米秸组和豆饼所含的粗蛋白质与日粮所要求的粗蛋白质相减，其差数分别写在四方形的右下角和右上角。

第三步，计算日粮中玉米秸、玉米和豆饼的用量。

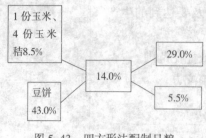

图 5-43　四方形法配制日粮

计算式如下：

玉米秸和玉米用量：29.0% ÷ (29.0%+ 5.5%) =84.1%。

其中，玉米秸用量：84.1% × 4/5=67.3%，玉米用量：84.1% × 1/5=16.8%。

豆饼用量：5.5% ÷ (29.0%+5.5%)= 15.9%。

以上混合料，玉米秸占 67.3%，玉米占 16.8%，豆饼占 15.9%。其粗蛋白质含量已达到要求，如果能量不能满足需要，需调整玉米秸和玉米的比例，使玉米的用量加大，直至整个日粮能满足能量需要为止。

第四步，在日粮能量和蛋白质含量满足后，再考虑矿物质和维生素需要。按照经验，从玉米含量中减去 4%，作为本配方中矿物质饲料和维生素饲料的配比。可在本配方中添加 2%磷酸氢钙、1%食盐、1%微量元素添加剂，且每千克混合料中再添加 3 万单位维生素 A 或每头每日再补饲 0.5 ~ 1.5 千克胡萝卜，以补充日粮中各种常量和微量营养的不足。

【试差法】

先根据配合日粮的一般原则，制订一个饲料配方，然后算出该配方中各种养分的含量，并与营养需要量做比较，根据原定饲料中养分的缺差情况，调整各饲料的用量，直到各养分符合要求为止。

若选用原料种类较少时，可很快得出结果，获得较实用的配方，但需要有一定的实践经验。

例如，选用青贮玉米、玉米、麦麸、棉籽饼、磷酸氢钙、石粉为原料，为体重 300 千克、预期日增重 1.0 千克的生长育肥牛配制日粮。

第一步，查肉牛饲养标准，得到体重 300 千克、日增重为 1.0 千克生长育肥牛所需的养分（表 5-5）。

表 5-5　体重 300 千克、日增重 1.0 千克肉牛营养需要量

体重 （千克）	日增重 （千克）	干物质进食量 （千克）	肉牛能量单位 （RND）	综合净能 （兆焦）	粗蛋白质 （克）	钙 （克）	磷 （克）
300	1.0	7.11	5.10	41.17	785	32	17

第二步，在肉牛常用饲料的营养价值表中查出所选原料的营养成分含量（表 5-6）。

表 5-6　饲料营养成分含量

饲　　料	干物质 （%）	占　干　物　质				
		肉牛能量单位 （RND/千克）	综合净能 （兆焦/千克）	粗蛋白质 （%）	钙 （%）	磷 （%）
青贮玉米	22.7	0.54	4.40	7.0	0.44	0.26
玉米	88.4	1.13	9.12	9.7	0.09	0.24
麦麸	88.6	0.82	6.61	16.3	0.20	0.88
棉籽饼	89.6	0.92	7.39	36.3	0.30	0.90
磷酸氢钙	—	—	—	—	23.0	16.0
石粉	—	—	—	—	38.0	—

第三步，确定精饲料、粗饲料用量的比例。若日粮中精饲料占 50%（即精粗比为 50∶50），由肉牛的营养需要可知（表 5-7），每日每头需要 7.11 千克干物质，所以每日每头由粗饲料（即青贮玉米）提供的干物质的量为 7.11×50%=3.56 千克，折合成原料为 3.56÷22.7%= 15.68 千克。这样就可算出由青贮玉米提供的养分量和尚缺的养分量。

表 5-7　粗饲料提供的养分量

项目	干物质 （千克）	肉牛能量单位 （RND）	综合净能 （兆焦）	粗蛋白质 （克）	钙 （克）	磷 （克）
营养需要	7.11	5.10	41.17	785	32	17
青贮玉米	3.56	1.92	15.62	248.5	15.62	9.23
尚　　缺	3.55	3.18	25.55	536.5	16.38	7.77

第四步，初定各种饲料用量和养分含量（表 5-8）。

表 5-8　试定日粮中养分含量

饲料	用量（千克）	干物质（千克）	肉牛能量单位（RND）	综合净能（兆焦）	粗蛋白质（克）	钙（克）	磷（克）
玉米	2.5	2.21	2.43	22.80	242.5	2.3	6.0
麦麸	1.0	0.89	0.82	6.61	163.0	2.0	8.8
棉籽饼	0.5	0.45	0.46	3.70	183.0	1.5	4.5
合计	4.0	3.55	3.71	33.11	588.5	5.8	19.3
尚缺		3.55	3.18	25.55	536.5	16.38	7.77
与差额比较		0	+0.53	+7.56	+52.0	−10.58	+11.53

第五步，判断与调整。从表 5-8 可看出，干物质基本合适，但能量和蛋白质用量都偏高，应相应减少能量和蛋白质饲料用量。调整后试定精饲料养分含量见表 5-9。

表 5-9　调整后试定精饲料养分含量

饲料	用量（千克）	干物质（千克）	肉牛能量单位（RND）	综合净能（兆焦）	粗蛋白质（克）	钙（克）	磷（克）
玉米	2.0	1.77	2.26	18.24	194.0	1.8	2.4
麦麸	1.0	0.89	0.82	6.61	163.0	2.0	8.8
棉籽饼	0.5	0.45	0.46	3.70	183.0	1.5	4.5
合计	3.5	3.11	3.54	28.55	540.0	5.3	15.7
尚缺		3.55	3.18	25.55	536.5	16.38	7.77
与差额比较		−0.44	+0.36	+3.0	+3.5	−11.08	+7.93

从调整后的结果来看，干物质尚缺 0.44 千克，这样在生产中可增加青贮饲料的喂量。日粮能量和蛋白质都能基本达到要求，再看钙、磷水平，钙、磷的余缺用矿物质来调整，本例中磷已能够满足，不必要考虑补钙又补磷，用石粉来补钙即可。石粉用量为 11.08÷0.38=29.16 克，即 0.029 千克。混合精料中应加 1%～2% 的食盐。

这样可得到本例的饲料配方：青贮玉米 15.68 千克、玉米 2.0 千克、麦麸 1.0 千克、棉籽饼 0.5 千克、食盐 0.05 千克、石粉 0.029 千克。混合精饲料的百分组成：玉米 55.88%、麦麸 27.94%、棉籽饼 13.97%、食盐 1.40%、石粉 0.81%。

六、肉牛繁殖技术

内容要素
- 肉牛生殖器官及繁殖生理
- 母牛发情鉴定
- 人工授精
- 妊娠诊断与分娩
- 发情控制技术

1. 肉牛生殖系统与生殖激素

公牛生殖系统

公牛生殖系统由睾丸、附睾、阴囊、输精管、副性腺、尿生殖道与生殖调节物质等组成（图6-1、图6-2）。

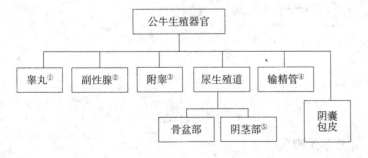

①生成精子和分泌雄激素。

②冲洗尿生殖道，稀释、营养、活化、保护和运输精子。

③精子成熟与贮存，具有吸收、运输作用。

④排精作用。

⑤交配器官。

图6-1　公牛生殖器官构成示意图

母牛生殖系统

母牛生殖系统由卵巢、输卵管、子宫、阴道、

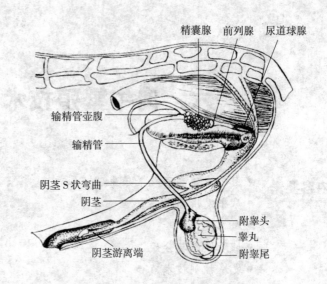

图 6-2　公牛生殖器官结构剖面图

① 卵泡发育和排卵，分泌雌激素、孕酮。

② 接纳卵子，运送卵子、精子，是精子获能、受精，以及卵裂的场所，并具有分泌机能。

③ 胎儿生长发育的地方。

④ 交配器官，分娩产道。

⑤ 交配器官及部分尿道。

外阴及生殖调节因子构成（图 6-3 至图 6-6）。母牛正常繁殖的基础是生殖调节因子的有序调节、生殖系统正常、周期性的循环。

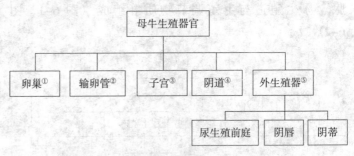

图 6-3　母牛生殖器官构成示意图

▶ **生殖激素**

生殖激素指直接作用于生殖活动，与生殖机能关系密切的激素。

◆ 生殖激素作用特点

（1）专一性。

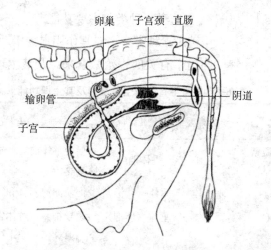

图 6-4　母牛生殖器官结构剖面图

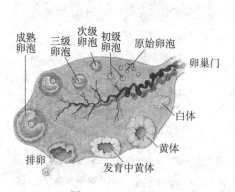

图 6-5　母牛卵巢

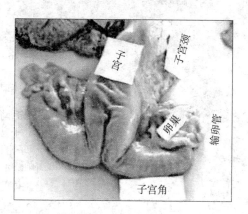

图 6-6　母牛子宫

（2）在血液中消失很快。

（3）用量小，作用大。

（4）协同或颉颃作用。

（5）作用效果与动物生理时期、用药量、用药方法有关。

（6）调节反应速度，不发动新的反应。

（7）分泌速度不均衡。

◆ 生殖激素种类与主要功能

生殖激素种类繁多，其作用贯穿于动物生殖过程的始终。与肉牛有关的生殖激素来源及其生理功能见表 6-1。

表 6-1　与肉牛有关的生殖激素及其生理功能

激　　素	分泌器官	作用器官	主要功能
促性腺激素释放激素（GnRH）	下丘脑	垂体前叶	促使垂体前叶释放促卵泡素和促黄体素
促卵泡素（FSH）	垂　体	垂体（卵泡）	促使卵泡发育和雌激素生成
促黄体素（LH）	垂　体	垂体（卵泡）	诱导排卵，黄体发育和孕酮生成
雄激素	睾丸	大脑	刺激性行为产生
		睾丸	刺激精子产生
		副性腺	刺激副性腺生长发育，维持其功能
		附睾	延长精子寿命与维持精子活动
雌激素	卵巢（卵泡）	大脑	促使发情行为变化
		垂体前叶	在发情期促进促卵泡素释放，特别是促黄体素的释放
		输卵管	增加黏液活性和低黏液性液体的分泌
		子宫	协助精子和卵子的移动
		子宫颈	使子宫颈口开张
		阴道和外阴	使外阴和阴道充血
孕　酮	卵巢（黄体）	垂体前叶	抑制卵泡排卵和成熟
		子宫	抑制子宫肌收缩，使子宫进入适宜胚胎附植的状态
前列腺素（PG）	子　宫	卵巢（黄体）	使黄体萎缩和孕酮水平下降
催乳素（PRL）	垂体前叶	乳腺组织	促使泌乳细胞的生长发育
催产素（OXT）	垂体前叶	子宫	增加子宫收缩
松弛素（RLX）	卵巢（黄体）	子宫	促进子宫的扩展以适应胎儿生长

◆ 母牛发情周期的调节

母牛发情周期的变化都是在一定的内分泌激素基础上产生的，母牛发情周期的循环，是通过下丘脑—垂体—卵巢轴所分泌的激素相互调节作用的结果（图

6-7）。

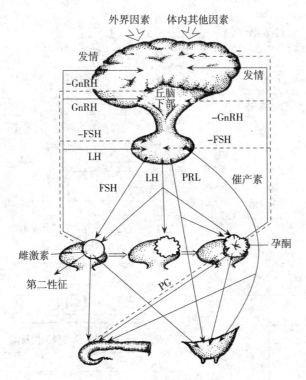

图 6-7　母牛发情周期调节模式

（实线代表刺激，虚线代表抑制）

2. 母牛的发情鉴定

▶ 母牛性机能发育阶段

母牛属于无季节性发情动物，全年均可发情，母牛性机能发育阶段一般分为初情期、性成熟期及繁殖停止期，生产实践中还包含适配年龄和成年等（图 6-8）。

▶ 肉牛发情周期划分

发情周期指从一次发情开始到下一次发情开始的间隔时间，一般为 18~24 天，平均为 21 天。根据母牛

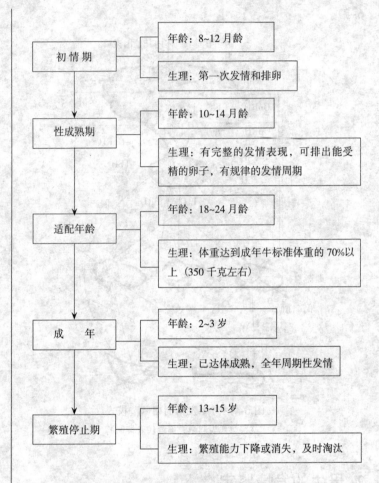

图 6-8 母牛生殖机能发育阶段及特点

发情时机体产生的一系列生理变化，可将发情周期划分为发情前期、发情期、发情后期、休情期（图 6-9）。

◆ 发情前期

此期持续 1~3 天，是卵泡的准备时期。上一发情周期形成的黄体萎缩退化，卵巢上卵泡开始发育，雌激素开始分泌；生殖道轻微充血，阴道与阴门黏膜轻度充血、肿胀。追随其他母牛，但不接受爬跨。如果以发情

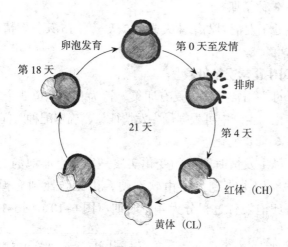

卵泡发育　　第 0 天至发情

第 18 天

排卵

21 天

第 4 天

红体（CH）

黄体（CL）

图 6-9　肉牛发情周期规律模式

征状开始出现时为发情周期第 1 天，则发情前期相当于发情周期第 16~18 天。

◆ 发情期

卵巢上卵泡迅速发育，雌激素分泌增多，子宫颈充血，子宫颈口开张，阴道与阴门黏膜充血、肿胀明显，有大量透明稀薄黏液从阴门排出；精神兴奋，走动频繁，不停哞叫，食欲差；接受公牛爬跨而站立不动，即站立发情。此期持续 18 小时左右，相当于发情周期第 1~2 天[①]。

◆ 发情后期

排卵后黄体形成的时期，由性欲激动逐渐转入安静状态；卵泡破裂排卵后雌激素分泌量显著减少，黄体开始形成并分泌孕酮作用于生殖道，使充血肿胀症状逐渐消退，子宫肌层蠕动减弱，腺体活动减少，黏液量少而稠，有干燥的黏液附于尾部；此期持续 17~24 小时，相当于发情周期第 3~4 天。

①此期为配种或输精时期。

◆ 休情期

处于发情周期第 4 天或第 5 天至第 15 天，发情期已经结束。

母牛正常发情征象[①]

母牛正常发情主要有卵巢、行为和生殖道 3 个方面的变化。生产中可根据母牛发情征象，确定配种时间。

◆ 卵巢变化

母牛发情时卵巢的变化实质是卵巢上卵泡的变化，根据卵泡由小到大，由软到硬，由无弹性到有弹性，可将卵泡发育过程分为 4 个时期（图 6-10、图6-11）。

①母牛在发情时所表现的卵巢变化、行为变化和生殖道变化。

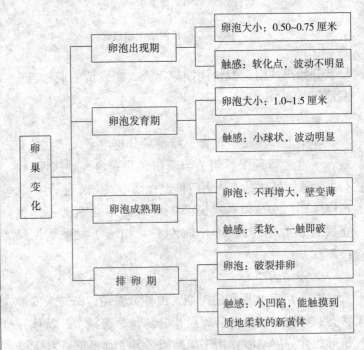

图 6-10　发情母牛卵巢变化

◆ 生殖道变化

外阴部充血、肿胀、松软、阴蒂充血且有勃起；阴道黏膜充血、潮红；子宫和输卵管平滑肌的蠕动加强，

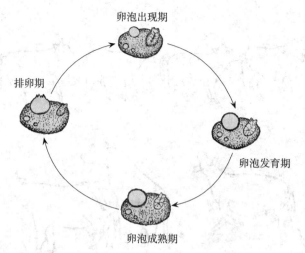

卵泡出现期

排卵期

卵泡发育期

卵泡成熟期

图 6-11　肉牛卵巢卵泡变化模式

子宫颈松弛。阴门有黏液流出，发情前期黏液量少，发情盛期黏液最多，且稀薄透明，发情末期黏液量少且浓稠（图 6-12）。

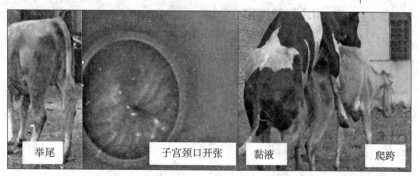

举尾　　　　　　子宫颈口开张　　黏液　　　　　　爬跨

图 6-12　母牛发情时生殖道及行为变化

◆ 行为变化

发情开始时，母牛兴奋不安，食欲减退，鸣叫，喜接近公牛，或举腰拱背、频繁排尿，或到处走动，甚至爬跨其他母牛或障碍物，但不接受其他牛爬跨；到发情盛期，母牛出现性欲，主动、安静接受公牛爬跨，时常爬跨其他母牛或接受其他母牛爬跨（图 6-12、图 6-13），

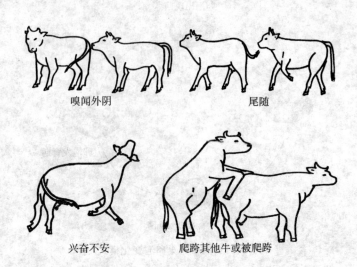

嗅闻外阴　　　　　　　　尾随

兴奋不安　　　　爬跨其他牛或被爬跨

图 6-13　母牛发情时行为变化

出现站立发情。

母牛发情鉴定

通过发情鉴定，可以判断母牛发情阶段，预测排卵时间，以确定适宜配种时间，及时进行配种；同时，可以判断母牛发情是否正常，以便及时发现问题、解决问题。

◆ 发情鉴定方法

【外部观察法】

主要观察母牛外部表现和精神状态（图 6-14），判断是否发情或发情进程。

母牛发情时表现的爬跨行为在傍晚 7 点至凌晨 7 点最频繁（图 6-15），为保证发情监测的准确，建议在傍晚 7 点至 11 点，凌晨 6 点至 8 点观测，白天可每隔 4 小时左右观察一次。

【直肠检查法】

隔着直肠壁用手指触摸卵巢及卵泡，可准确判断卵

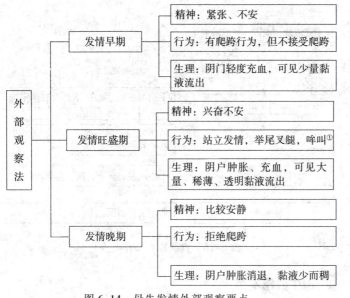

图 6-14　母牛发情外部观察要点

①母牛出现站立发情时配种较为适宜。

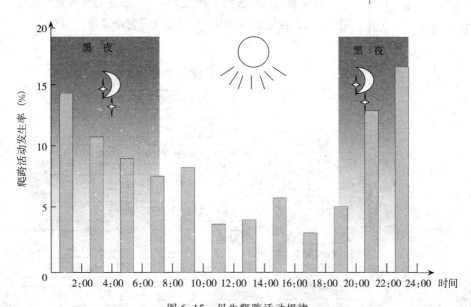

图 6-15　母牛爬跨活动规律

泡发育程度及排卵时间②，不足之处在于判断结果取决于检查者的经验（图 6-16）。

②卵泡柔软，有一触即破感时配种为佳。

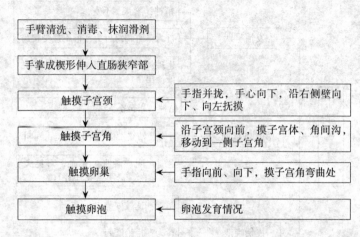

图 6-16　直肠检查操作要点①

①直肠检查注意事项：术者指甲剪短并磨平、无锐角；手臂进入直肠后先掏出宿粪；直肠肌肉收缩时，手臂切勿强行插入，待直肠肌肉松弛后再继续操作。

▶ 母牛异常发情

母牛异常发情常见于初情期后、性成熟前性机能未发育完全阶段，或性成熟后由于环境条件异常所导致（图 6-17）。

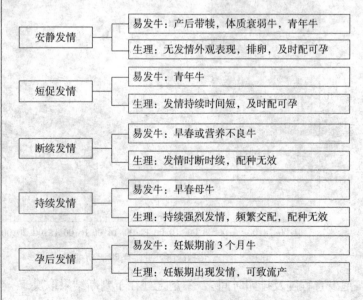

图 6-17　母牛常见异常发情种类

3. 人工授精

人工授精技术[①]是现代畜牧业的重要技术之一，牛的人工授精技术已得到广泛的推广使用，对肉牛繁育具有重要意义。

（1）使优秀种公畜的利用年限不受寿命的限制，充分发挥种用价值。

（2）提供"定向选配"，加速肉牛改良。

（3）增加公牛的选择余地。

（4）解决山区配种困难的问题。

（5）减少疾病的发生，避免交叉感染。

（6）输精前的检查，可排除繁殖障碍，提高繁殖效率。

▶ 冷冻精液的选择

肉牛冷冻精液的选择应根据实际需要综合考虑：

◆ 来自良种公牛，符合本地区肉牛改良需要。

◆ 系谱清晰，无特定的遗传疾病。

◆ 精液质量合格，企业信誉可靠，售后服务好。

◆ 价格合理。

▶ 冷冻精液保存

目前，肉牛人工授精采用的精液大部分是 0.25 毫升或 0.5 毫升的细管冷冻精液，均置于液氮罐中保存（图6-18），使用过程中应注意：

◆ 使用前仔细检查液氮罐，注入液氮检查其损耗率，合格者[②]方可使用。

①借助器械辅助，将精液输入到发情母牛生殖道内，使母牛妊娠的技术。

②检查结果参照该规格产品性能参数表，测试与计算方法参照 GB/T 5458—1997 标准。

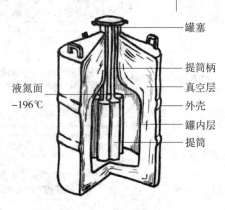

液氮面 -196℃

罐塞
提筒柄
真空层
外壳
罐内层
提筒

图 6-18 液氮罐构造

◆ 注意经常补充液氮（不低于总容量1/3），保证冻精浸泡于液氮中。

◆ 注意定期清洗容器，防止污染。

◆ 注意盖塞的保护，如有结霜，及时更换液氮罐。

◆ 应放于干燥、阴凉、通风处，严禁靠近热源。

◆ 从液氮罐取出精液时，提斗不得提出液氮罐口外，可将提斗置于罐颈下部，用长柄镊夹取精液，越快越好。

◆ 使用或运输中，避免碰撞、震动，严禁翻倒。

▶ **母牛输精程序**

①输精枪进出生殖道时遵循"缓进慢抽"的原则。输精后的母牛切勿驱赶奔跑。

牛人工输精主要采用直肠把握子宫颈输精法（图6-19至图6-27），操作中防止污染，注意把握子宫颈的

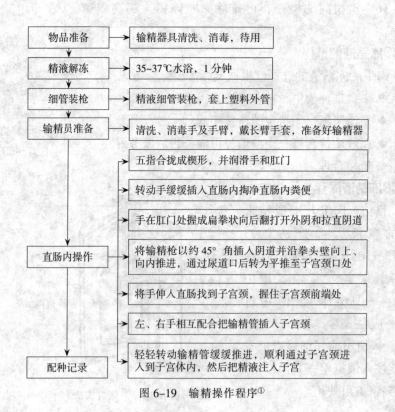

图6-19　输精操作程序①

手掌位置和输精部位。细管精液的精子活率要求0.3以上。

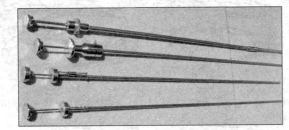

图 6-20　牛用输精枪

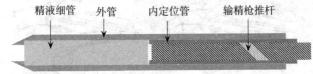

图 6-21　牛用输精枪剖面

图 6-22　牛用输精枪塑料外管

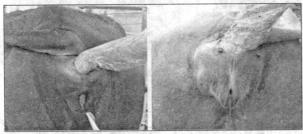

手在肛门处握成扁拳状向后翻打开外阴和拉直阴道

 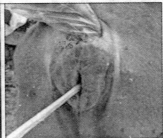

露出清洁区域，进输精枪　　　　插入输精枪

图 6-23　输精枪插入前后操作要点

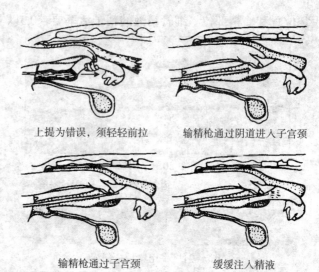

上提为错误，须轻轻前拉　　　　输精枪通过阴道进入子宫颈

输精枪通过子宫颈　　　　　　缓缓注入精液

图 6-24　直肠内操作示意图

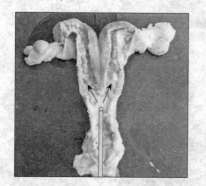

图 6-25　正确输精部位

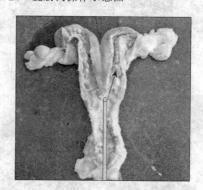

图 6-26　错误输精部位

①如能准确判
定排卵卵巢，则
可采用子宫角单
侧输精。

图 6-27　子宫角单侧输精①

人工授精适宜时间

母牛排卵在发情征象结束后 10~14 小时发生，由于精子需要在母牛生殖道中孵育一定的时间才具有受精能力，因此，母牛必须在排卵之前受精，才能获得理想的受胎率（图 6-28、图 6-29）。

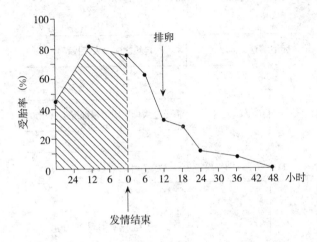

图 6-28　母牛发情结束前后配种对受胎的影响①

发情前期 6~10 小时	站立发情期 18 小时		排卵期 10~14 小时	卵存活期 6~10 小时
	站立发情结束 →		排卵 →	
输精过早	可以输精	最适输精时间②	可以输精	输精过晚

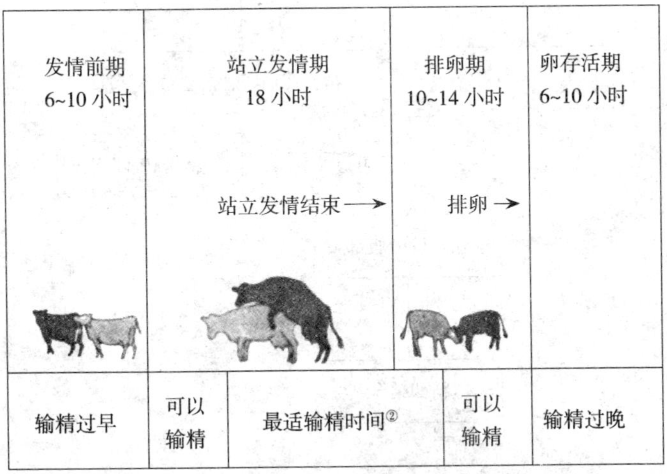

图 6-29　肉牛适宜输精时间

①在 18 小时发情期的后期或发情结束后 5 小时内输精适宜。

②为准确把握适宜输精时间，可在站立发情结束时输精，早、晚各输一次(间隔 8~10 小时)。

①受精：精子和卵子相互作用，结合形成合子的过程。

②妊娠：卵子受精结束到胎儿发育成熟后与其附属膜共同排出前的复杂的生理过程。

③分娩：胎儿在母体内发育成熟，雌性动物将胎儿及其附属膜从子宫内排出体外的生理变化过程。

④获能：精子在母牛生殖道内经过形态及生理生化发生某些变化之后，获得受精能力的生理现象。

⑤顶体反应：包裹精子顶体的膜破裂，释放出内含物的过程。只有产生了顶体反应的精子，才具有与卵子结合的能力。

4. 牛的受精、妊娠与分娩①②③

▶ 受精过程

受精的整个过程包括配子的运行（精子、卵子的运行）与精卵结合过程（图6-30、图6-31）。

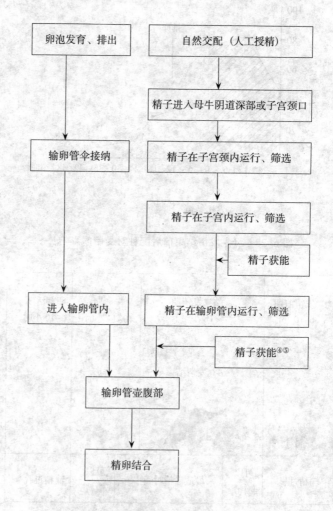

图6-30　配子的运行

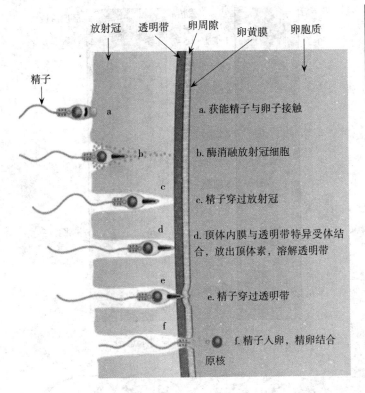

图 6-31　精卵结合过程

➤ 早期胚胎发育

精卵结合后，受精卵开始不断分裂（卵裂，图6-32），同时向子宫移动，在特定阶段进入子宫，进行定位和附植。

◆ 胚泡的附植

胚胎一旦在子宫定位，便结束游离状态，开始同母体建立紧密的联系，这一过程称为附植（图6-33）。

肉牛在配种后 11 天囊胚伸长，16 天时与子宫上皮出现紧密接触，18 天时上皮微绒毛间出现交错对接，20 天左右时子宫内膜上皮细胞突与滋养层细胞微绒毛开始粘连，27 天时滋养层与子宫内膜上皮微绒毛出现广泛粘连，36 天时胎盘子叶开始形成。

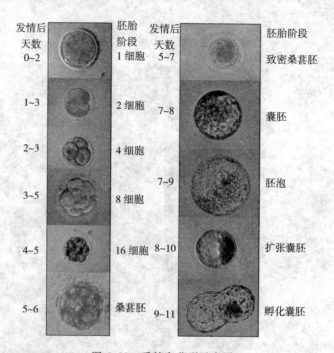

发情后天数	胚胎阶段	发情后天数	胚胎阶段
0~2	1 细胞	5~7	致密桑葚胚
1~3	2 细胞	7~8	囊胚
2~3	4 细胞	7~9	胚泡
3~5	8 细胞	8~10	扩张囊胚
4~5	16 细胞	9~11	孵化囊胚
5~6	桑葚胚		

图 6-32 受精卵分裂示意图

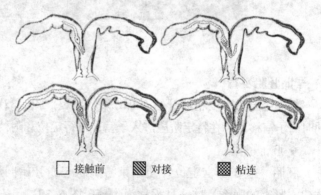

□ 接触前　　▨ 对接　　▩ 粘连

图 6-33 肉牛胚胎附植过程

▶ 胎膜的构造及功能

胎膜为胎儿附属膜，主要包括卵黄囊、羊膜、尿膜和绒毛膜（图 6-34 至图 6-37），主要作用是与母体子宫黏膜交换养分、代谢产物等。胎儿出生后，胎膜被摒

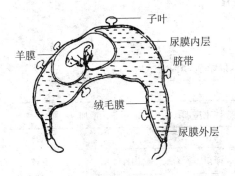

图 6-34　牛胎膜切面

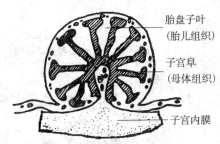

图 6-35　牛胎盘①结构

图 6-36　牛胎膜外观

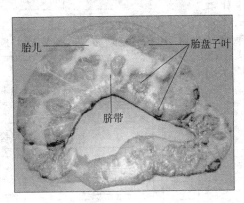

图 6-37　牛胎盘

弃，是一个暂时性器官。

卵黄囊：牛妊娠后 16 天形成，胚胎发育早期起营养交换作用。

羊膜：牛妊娠后 18 天形成，羊膜将胎儿整个包围起来，囊内充满羊水，胎儿悬浮其中。

尿膜：妊娠 20 天开始出现，为胚体外临时膀胱，并对胚胎发育起缓冲保护作用。

绒毛膜：是胚胎最外面的一层膜，和羊膜囊同时形成，富有血管网。

①胎盘是胎膜和子宫内膜的总称，具有物质运输、代谢、分泌激素及免疫等多种功能。

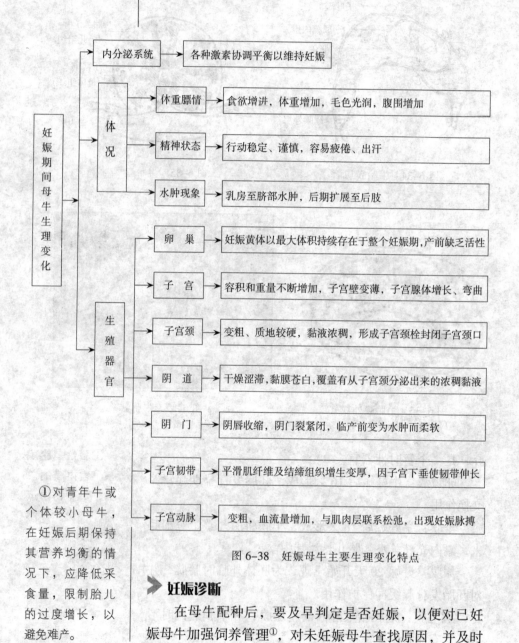

妊娠母牛生理变化

图 6-38　妊娠母牛主要生理变化特点

①对青年牛或个体较小母牛，在妊娠后期保持其营养均衡的情况下，应降低采食量，限制胎儿的过度增长，以避免难产。

妊娠诊断

在母牛配种后，要及早判定是否妊娠，以便对已妊娠母牛加强饲养管理①，对未妊娠母牛查找原因，并及时补配或进行必要的处理。

理想的妊娠诊断[1]方法要具备早期诊断、准确、简单、快速的特点。

生产中应用较多的有外部检查法、直肠检查法，目前超声波检查也已开始推广应用。

◆ 外部检查法[2]

通过母牛体态、行为等随妊娠进展发生相应变化判断妊娠（图6-39至图6-41）。

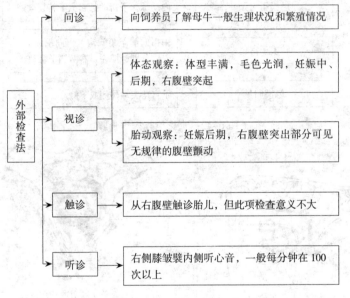

图 6-39 妊娠母牛外部检查法要点

图 6-40 妊娠母牛右腹壁突出

图 6-41 妊娠母牛听诊部位

[1]妊娠诊断：监测母牛妊娠与否，或胚胎的发育状况。

[2]外部检查法对母牛是否妊娠只能作出初步判断，且不能早期诊断。

①母牛配种后40 天即可检查，对技术要求较高。

②操作注意事项参考发情鉴定的直肠检查法。

◆ 直肠检查法①

触摸卵巢、子宫等判断妊娠② （图6-42 至图6-53，表6-2）。

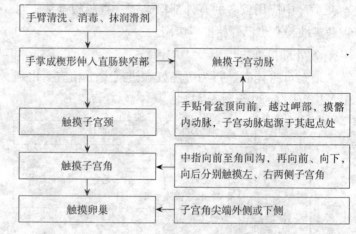

```
┌─────────────────────────────┐
│ 手臂清洗、消毒、抹润滑剂        │
└─────────────────────────────┘
              ↓
┌─────────────────────────────┐      ┌──────────────────┐
│ 手掌成楔形伸入直肠狭窄部        │ ───→ │ 触摸子宫动脉       │
└─────────────────────────────┘      └──────────────────┘
              ↓                                ↑
                            ┌────────────────────────────────────┐
                            │ 手贴骨盆顶向前，越过岬部，摸髂          │
                            │ 内动脉，子宫动脉起源于其起点处         │
                            └────────────────────────────────────┘
┌─────────────────────────────┐
│ 触摸子宫颈                    │
└─────────────────────────────┘
              ↓
┌─────────────────────────────┐      ┌────────────────────────────────────┐
│ 触摸子宫角                    │ ←─── │ 中指向前至角间沟，再向前、向下、          │
└─────────────────────────────┘      │ 向后分别触摸左、右两侧子宫角           │
              ↓                       └────────────────────────────────────┘
┌─────────────────────────────┐      ┌────────────────────────────────────┐
│ 触摸卵巢                      │ ←─── │ 子宫角尖端外侧或下侧                   │
└─────────────────────────────┘      └────────────────────────────────────┘
```

图6-42　直肠检查操作步骤

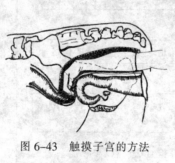

图6-43　触摸子宫的方法

图6-44　妊娠40天的子宫

图6-45　妊娠60天的子宫

图6-46　妊娠90天的子宫

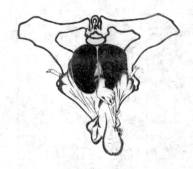 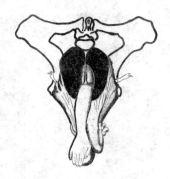

图 6-47　妊娠 3~3.5 个月的子宫　　　图 6-48　妊娠 3~4 个月的子宫

图 6-49　妊娠可能性极大的黄体　　　图 6-50　可能妊娠的黄体

图 6-51　妊娠可能性几乎不存在的黄体　　　图 6-52　非妊娠黄体

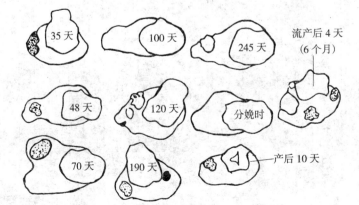

图 6-53　妊娠黄体形态变化

表 6-2 直肠检查肉牛妊娠各时间段卵巢、子宫及胎儿的变化规律

器官	变化	未孕	妊娠20～25天	妊娠1个月	妊娠2个月	妊娠3个月	妊娠4个月	妊娠5个月	妊娠6个月	妊娠7个月	妊娠8个月	妊娠9个月
卵巢	大小		一侧有黄体而较大									
	位置	子宫角两旁，耻骨前缘附近	耻骨前缘	耻骨前缘	耻骨前缘下方		只能摸到空角侧卵巢	摸不到				
子宫	形状	绵羊角状弯曲尖圆筒状		孕角不规则	孕角扩大、空角规则	孕角及子宫体如反刍状	子宫如下垂囊袋	下垂至腹腔，只能摸到一部分子宫壁				
	粗细	二角相等		孕角较粗	孕角为空角2倍	孕角远大于空角						
	角间沟	清楚		不清楚	消失、分盆处清楚	消失、分盆处清楚	消失、分盆处摸到	消失、摸不到分盆处				
	质地	柔软		壁厚、有弹性	孕角柔软、空角弹性	松软波动						
	收缩反应	收缩、富有弹性		较有弹性	不收缩或有时收缩	轻微或摸不到						
	子叶	无			已有	如颗粒、蚕豆大小	卵巢大小	体积更大	鸽蛋大小		鸡蛋大小	
	位置	骨盆腔（经产牛入腹腔）			耻骨前缘前下方	耻骨前缘前下方	耻骨前缘之前	腹腔				部分骨盆腔
子宫颈	位置	骨盆腔			耻骨前缘前下方	偶尔可摸到	耻骨前缘前下方	时常摸到		腹腔	骨盆口	骨盆腔
胎儿		摸不到					孕角可摸到			不易摸到	容易摸到	
子宫动脉		正常脉搏					孕侧妊娠脉搏	空有妊娠脉搏			两侧均明显	
阔韧带		松弛			紧张					不易摸到		

◆ B 超诊断法

超声波早期诊断母牛妊娠具有安全、准确、简便、快速等优点，是较为理想的早期妊娠诊断方法。当看到黑色的孕囊暗区或者胎儿骨骼影像即可确认早孕阳性（图 6-54 至图 6-63）。配种后 28 ~ 30 天的母牛妊娠诊断准确率达 98.3%。

图 6-54   几种兽用 B 超诊断仪器

图 6-55   未孕子宫角

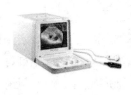

图 6-56   妊娠 19 天

图 6-57   妊娠 24 天

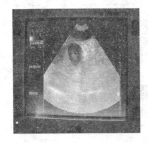

图 6-58   妊娠 30 天

图 6-59   妊娠 35 天

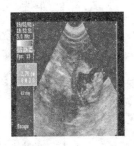

图 6-60   妊娠 42 天

图 6-61　妊娠 45 天

图 6-62　妊娠 55 天

图 6-63　妊娠 60 天

◆ 其他方法

激素水平测定、阴道活组织检查、免疫学检查等方法均能比较准确地检测母牛妊娠，但对实验室依赖性强，在生产中的推广使用受到了制约。

▶ **母牛的分娩**

◆ 分娩预兆①②

随着胎儿发育成熟与分娩期的接近，母牛生殖器官与骨盆部等都要发生一系列生理变化（图 6-64），根据这些变化，可预测母牛分娩时间，以便做好产前准备工作。

①分娩预兆：分娩前母牛的行为和全身状况发生的相应变化。

②在生产中不能根据某一个分娩预兆判断母牛分娩时间，要全面观察，综合分析。

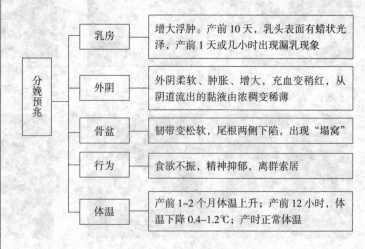

分娩预兆	乳房	增大浮肿。产前 10 天，乳头表面有蜡状光泽，产前 1 天或几小时出现漏乳现象
	外阴	外阴柔软、肿胀、增大，充血变稍红，从阴道流出的黏液由浓稠变稀薄
	骨盆	韧带变松软，尾根两侧下陷，出现"塌窝"
	行为	食欲不振，精神抑郁，离群索居
	体温	产前 1~2 个月体温上升；产前 12 小时，体温下降 0.4~1.2℃；产时正常体温

图 6-64　产前母牛生理变化特点

◆ 分娩过程

分娩过程从子宫肌和腹肌出现阵缩开始，至胎儿和附属物排出为止，习惯上把分娩过程分为子宫颈开口期、胎儿产出期和胎衣排出期三个阶段（图 6-65、图 6-66）。

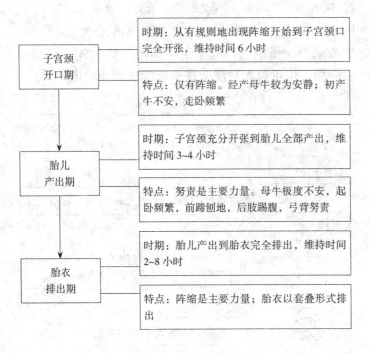

子宫颈
开口期
— 时期：从有规则地出现阵缩开始到子宫颈口完全开张，维持时间 6 小时
— 特点：仅有阵缩。经产母牛较为安静；初产牛不安，走卧频繁

胎儿
产出期
— 时期：子宫颈充分开张到胎儿全部产出，维持时间 3~4 小时
— 特点：努责是主要力量。母牛极度不安，起卧频繁，前蹄刨地，后肢踢腹，弓背努责

胎衣
排出期
— 时期：胎儿产出到胎衣完全排出，维持时间 2~8 小时
— 特点：阵缩是主要力量；胎衣以套叠形式排出

图 6-65　母牛分娩过程示意图

图 6-66　犊牛产出过程

5. 发情控制技术

▶ 诱导发情①

①通过人工方法诱导母牛发情并排卵的技术。

诱导发情是根据生殖内分泌激素对母牛发情的调控原理建立和发展起来的。母牛通常采用 FSH、PMSG、GnRH、孕激素、三合激素（雌激素、孕激素、雄激素的配伍制剂）等激素类药物进行处理，可以单独使用，也可以多种激素按一定配伍使用（图6-67）。

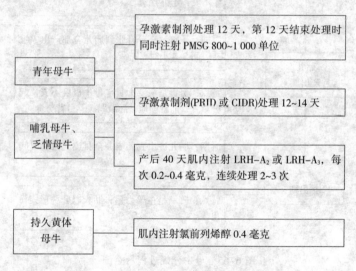

图 6-67　母牛诱导发情的几种处理方法

▶ 同期发情②

②通过人为调控，使一群母牛在预定的时间内集中发情的技术。

同期发情是根据母牛发情周期的激素调控机理，采用外源激素调节卵巢功能活动来实现。人工延长黄体期或缩短黄体期是目前常用的技术（图 6-68 至图 6-72）。

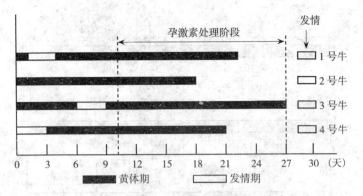

图 6-68　孕激素诱导母牛同期发情原理①

图 6-69　孕激素阴道栓装置 (CIDR)

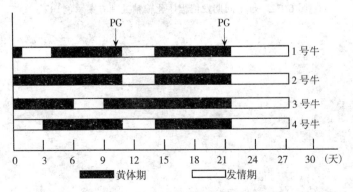

图 6-70　前列腺素诱导母牛同期发情原理②

①在空怀母牛发情周期任意一天安装孕激素阴道栓，处理 12~14 天，撤栓 3~5 天母牛发情。

②在空怀母牛发情周期任意一天注射第一针 PG，10 天后注射第二针 PG，3~5 天母牛发情。

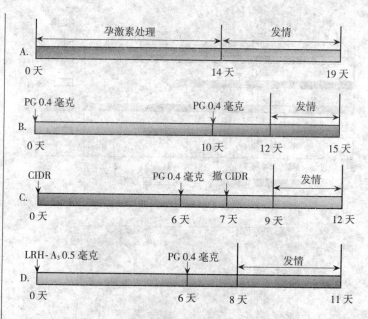

图 6-71　母牛同期发情常见 4 种处理方案示例①

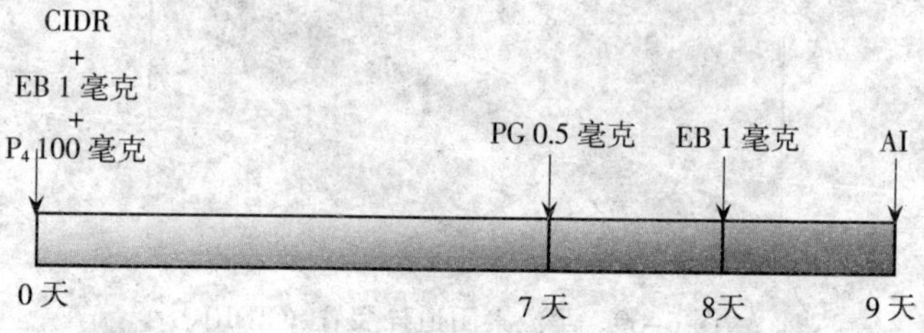

①各处理方案第一次给药为第 0 天。

图 6-72　母牛同期发情程序化输精处理方案示例②③④

②程序化输精：对母牛进行发情或排卵同期化处理，再进行适时或定时人工授精。

③EB 为苯甲酸雌二醇，P₄ 为孕激素，AI 为人工授精。

④除阴道栓给药方式外，其他药物给药方式均为肌内注射。

七、母牛－犊牛生产体系

牛源紧张已成为世界肉牛产业发展的瓶颈，"牛荒"在我国肉牛生产中也越来越突出。其主要原因，除肉牛本身繁殖周期长①并产单胎②外，在生产中不重视能繁母牛的饲养与培育、"杀青弑母"现象也十分普遍，导致能繁母牛比例低、能繁母牛繁殖效率低③、犊牛质量差，不能保证肉牛产业持续发展。

1. 后备母牛的培育

我国肉牛繁育体系多采用"带犊繁育体系"，母牛在肉牛的改良中发挥了重要作用，是传递肉牛优良遗传信息的重要媒介。同时，要获得健壮的犊牛，需要有健康、优秀的母牛，即常讲的"母肥子壮"。要保证优秀母牛的来源，就要重视后备母牛的培育。目前，我国肉用繁殖母牛主要由本地黄牛、杂交母牛构成，另有部分兼用牛及培育品种、少部分纯种肉用母牛、低产黑白花奶牛等。

▶ 本地黄牛的优缺点

我国本地黄牛长期以役用为主，近些年对其肉用性

①肉用母牛的初配年龄一般在2岁左右，妊娠期9.5个月，一年一胎。

②母牛每胎产一头犊牛。自然情况下的双犊率只有0.3%～0.5%。

③不能实现"百牛百犊"，多数只能达到"三年二犊"，甚至"二年一犊"。

217

能加强了选育，尤其是我国五大优良黄牛品种具有良好的产肉性能。同时，本地黄牛也是肉用生产的首轮杂交母本（图7–1、图7–2）。

图7–1　秦川牛母牛　　　　　图7–2　南方黄牛母牛

◆ 优点

体型较小：我国本地黄牛一般属中、小体型，用作杂交母本，饲养成本较低。

难产少：只要犊牛初生重不过大（超过40千克），对初产母牛不用体型大的品种交配，一般不会出现难产。

长寿：本地黄牛一生可产7~8胎，利用年限较长。

性情温驯：本地黄牛长期役用，性情温驯，便于管理。

母性好：本地黄牛的母性好，护仔性强。

适应性强、耐粗饲：本地黄牛对当地气候、环境适应，抗病力强；对饲料条件要求不高，耐粗饲[1]。

肉质好：本地黄牛骨骼细致、肌纤维较细，牛肉风味浓厚。

◆ 缺点

一是产奶量低，一般产奶量在200~600千克，南方黄牛约200千克（川南山地黄牛）、秦川牛在600千克左右，而肉用母牛产奶量多在1 000千克以上[2]；当用肉用品种与本地黄牛杂交后，杂交犊牛的哺乳量不足。

二是性成熟较晚。

①对粗饲料利用能力强。

②如夏洛来母牛泌乳量2 000千克、安格斯母牛泌乳量700千克、利木赞母牛泌乳量1 600千克、皮埃蒙特母牛泌乳量3 500千克。

杂交母牛的优缺点

随着我国黄牛改良的不断推进，杂交母牛群体不断扩大，不仅提供了大量的优秀母牛，而且为肉牛新品种（品系）的培育奠定了基础（图7-3、图7-4）。

图7-3　西门塔尔牛杂交母牛及
　　　　　三元杂交犊牛

图7-4　利木赞牛杂交母牛及级
　　　　　进杂交犊牛

杂交母牛虽然综合了父系和母系的性状，但仍然作为"工作母机"，继续参与繁殖，并不作为肉畜宰杀。

◆ 优点

一是产奶量显著提高，为犊牛的早期生长提供了保障，如西门塔尔牛杂交一代母牛产奶量达1 000千克以上。

二是杂交母牛的体型增大，为下一轮采用大型肉用品种杂交奠定了基础。

◆ 缺点

对饲料条件要求较高[①]，尤其在早期培育时营养要跟上，否则不能培育出良好的杂交繁殖母牛。

后备母牛的饲养管理

母犊牛断奶后到配种前为后备母牛，这段时间的培育对其终生的繁殖性能具有重要的影响。一般在4~6月龄时选择生长发育好、性情温驯、增重快、体质结实的母犊牛留作繁殖母牛培育，但留作种用的犊牛不得过肥。

这一阶段的母牛瘤胃发育迅速，到12月龄接近成年牛的水平，正确的饲养方法有助于瘤胃功能的完善，能

①要求提供优质饲料。

为后期繁殖生产打下良好的基础。同时，也是母牛骨骼、肌肉发育最快的阶段，营养是否平衡对母牛的体型影响很大。母牛到 6~9 月龄时开始发情排卵，一般到 18~24 月龄时体重达到成年体重的 70% 以上就可以配种。

◆ 后备母牛的饲养

后备母牛生长发育快，要保证日增重 0.4 千克以上，否则，会使预留的繁殖用小母牛初次发情期和适宜配种年龄推迟，严重的会影响终生繁殖性能。后备母牛每天的营养需要量见表 7-1。

根据饲养方式可分为舍饲饲养和放牧饲养。舍饲饲养能为后备母牛提供良好的饲养条件（图 7-5、图 7-6），

表 7-1 后备母牛的每日营养需要

体重 （千克）	日增重 （千克）	日粮干物质 （千克）	粗蛋白质 （克）	维持需要 （兆焦）	增重净能 （兆焦）	钙 （克）	磷 （克）	胡萝卜素 （毫克）
	0	2.66	236		0.00	5	5	18.5
150	0.6	3.91	507	13.80	3.03	22	11	22.0
	0.8	4.33	589		4.36	28	12	23.5
	0	3.30	293		0.00	7	7	21.5
200	0.6	4.66	555	17.12	4.04	22	12	26.5
	0.8	5.12	631		5.82	28	14	30.0
	0	3.90	346		0.00	8	8	24.5
250	0.6	5.37	599	20.24	5.05	23	13	31.5
	0.8	5.87	672		7.27	28	15	37.5
	0	4.46	397		0.00	10	10	36.0
300	0.4	5.53	565	23.21	3.77	18	13	34.5
	0.8	6.58	715		8.72	28	16	42.0
	0	5.02	445		0.00	12	12	30.5
350	0.4	6.15	607	26.06	4.39	19	14	37.0
	0.6	6.72	683		7.07	23	16	43.5
	0	5.55	492		0.00	13	13	33.0
400	0.4	6.76	651	28.80	5.02	20	16	38.0
	0.6	7.36	727		8.08	24	17	46.0

注：主要引自《肉牛饲养标准》NY/T 815—2004。

图 7-5　舍饲母牛（北方）　　　　图 7-6　舍饲母牛（南方）

重点要保证青粗饲料的供应。放牧饲养可以降低后备母牛的培育成本（图 7-7），重点要根据牧草的产量及质量，做好后备母牛的补饲工作，包括矿物元素及微量元素的补充，保证后备母牛的营养均衡。

图 7-7　后备母牛的放牧饲养（日本）

　　根据后备母牛的生长发育规律及生理变化特点，一般将后备母牛分为前期饲养（断奶至 1 岁）、中期饲养（1 岁至配种）、后期饲养（配种至初次分娩）三个阶段。

　　【前期饲养】断乳后的幼牛由依靠母乳为主转移到完全靠自己独立生活，存在生理适应问题；尤其是刚断奶的牛，由于消化机能比较差，为了防止断奶应激和消化不良，应重点把握哺乳期与育成期的过渡，提供适口性好、能满足营养需要的饲料，重点是优质青粗饲料。生产中常常不重视这一阶段后备母牛的饲养，认为母牛既能采食固体饲料（精料、青粗饲料），又没有妊娠负担，导致后备母牛早期发育受阻，影响后期的生长发育及繁殖。本阶段结束，后备母牛体重应达到 200（本地黄牛）～250 千克（杂交牛）（图 7-8、图 7-9）。

图 7-8　发育良好的后备母牛（杂交牛）　　图 7-9　发育不良的后备母牛（杂交牛）

这一时期幼牛正处于强烈生长发育时期，是骨骼和肌肉的快速生长阶段，体躯向高度和长度两方向急剧增长，性器官和第二性征发育很快，但消化机能和抵抗力还没有发育完全。同时，经过犊牛期植物性饲料的锻炼，其前胃已有了一定的容积和消化青饲料的能力，但消化器官本身还处于强烈的生长发育阶段，需增加青粗饲料的喂给量进行继续锻炼。

因此，在饲养上要求供给足够的营养物质，满足其生长需要，以达到最快的生长速度，而且所喂饲料必须具有一定的容积，以刺激其前胃^①的发育。此期饲喂的饲料应选用优质干草、青贮料为主，秸秆等作为粗饲料应少量添加，同时还必须适当补充一些混合精饲料。一般而言，日粮中干物质的 75% 应来源于饲料中的青粗饲料，25% 来源于精饲料。从 9～10 月龄开始，便可掺喂秸秆和谷糠类粗饲料，其比例可占粗饲料总量的 30%～40%。

后备母牛的精料补充料配方及日喂量可参考表 7-2、

①主要指瘤胃和网胃。

表7-3，青粗饲料的喂量（按干物质计算）一般为体重的 1.2% ~ 2.5%。

表7-2　后备母牛精料补充料配方（％）

配方	玉米	糠麸	饼粕	石粉	磷酸氢钙	食盐	微量元素添加剂	维生素A（万单位/千克）	适用粗饲料
1	65.5	10.0	20.0	1.5	1.0	1.0	1.0	—	除豆科牧草外的青草、青贮料
2	80.5	15.0	—	—	2.5	1.0	1.0	5	豆科青草及豆科干草
3	61.0	10.0	25.0	2.0	—	1.0	1.0	5	除豆科牧草外的青干草
4	56.0	10.0	30.0	2.0	—	1.0	1.0	10	秸秆

表7-3　不同青粗饲料条件下的精料补喂量（千克）

体重	日增重	青草	青贮料	青干草、玉米秸	麦秸、稻草
150	0.6	0.4~0.6	0.8~0.9	1.5~1.6	2.4~2.5
	0.8	0.8~1.1	1.2~1.4	1.9~2.1	2.9~3.0
200	0.6	0~0.5	0.4~0.9	1.6~1.8	2.7~2.8
	0.8	0.3~1.2	0.9~1.5	1.9~2.3	3.0~3.5
250	0.6	0~0.2	0~0.7	1.0~1.7	2.7~3.1
	0.8	0~0.5	0.1~1.1	1.6~2.1	3.2~3.6
300	0.4	0	0	0.7~1.1	2.6~2.8
	0.8	0~1.2	0.8~1.8	2.3~2.8	4.0~4.2
350	0.3	0	0	0.9~1.6	2.6~2.8
	0.6	0~1.2	0.8~1.8	2.2~2.9	4.2~4.5
400	0.2	0	0	0.4~1.0	2.5~3.1
	0.4	0	0~0.7	1.4~2.1	3.8~4.0
精料补充料配方*		1	1 或 3	3 或 4	4

注：* 精料补充料配方见表7-2，粗饲料为苜蓿等豆科牧草时用配方2。

在放牧条件下，每日除放牧以外，回舍后要补饲优质青干草及营养价值全面的高质量混合精料。牧区春季产的犊牛，断乳或进入育成阶段正值冬季或冷季，在天然放牧条件下，一般不能满足生长发育的营养需要，必须进行补饲。牧草良好时日粮中的粗饲料和大约 1/2 的精饲料可由牧草代替，牧草较差时则必须补饲青饲料和精料，如以农作物秸秆为主要粗饲料时每天每头牛应补饲 1.5 千克混合精料，以期获得 0.6～1.0 千克较为理想的日增重。青饲料的采食量：7～9 月龄为 18～22 千克，10～12 月龄为 22～26 千克。

【中期饲养】此阶段育成母牛消化器官进一步扩大，消化粗饲料的能力增强。为了促进其消化器官的生长，日粮应以粗饲料和易消化饲料为主，其比例应占日粮总量的 75%，其余 25% 为混合饲料，以补充能量和蛋白质的不足。由于此时育成母牛既无妊娠负担，也无产奶负担，通常日粮水平只要能满足母牛的生长即可。这一时期的育成母牛肥瘦要适宜，七八成膘，最忌肥胖，否则脂肪沉积过多，会造成繁殖障碍，还会影响乳腺的发育。但如饲养管理不当而发生营养不良，则会导致育成母牛生长发育受阻，体躯瘦小，初配年龄滞后，很容易产生难配不孕牛。

利用好的干草、青贮料、半干青贮料添加少量精饲料就能满足这一时期母牛的营养需要，可使牛达到 0.6～0.65 千克的日增重。在优质青干草、多汁饲料不足和计划较高日增重的情况下，则必须每天每头牛添加 1.0～1.3 千克的精饲料。

农户分散饲养的母牛以放牧饲养为主。一般情况下，单靠放牧期间采食青草很难满足其生长发育需要，应根据草场资源情况适当补饲一部分精饲料，一般每天每头在 0.5～1 千克。能量饲料以玉米为主，一般占 70%～75%，蛋白质饲料以豆饼为主，一般占 25%～30%，还可准备一些粗饲料如玉米秸、稻草等铡短让其自由采食。精、粗饲料的补给与否以及量的大小，应视草场和牛只生长发育具体情况而定，发育好则可减少或停止饲料补给，发育差的则可适当增加饲料给量。夏季放牧应避开酷热的中午，增加早、晚放牧时间，以利于牛采食和休息。育成母牛在 16～18 月龄体重达到成年母牛体重的 70%以上[①]时，即可配种。

【后期饲养】这时母牛已配种受胎，生长缓慢下来，体躯显著向宽深发展，在丰富的饲养条件下体内容易贮积过多脂肪，导致牛体过肥，引起难产、产后综合征。但如果饲料过于贫乏，又会使牛的生长受阻，导致体躯狭浅、四肢细高，泌乳能力差。因此，在此期间，饲料应多样化、全价化，应以优质干草、青草、青贮料和少量氨化麦秸作为基础饲喂，青饲料日喂量 35～40 千克，精料可以少喂甚至不喂。直到妊娠后期尤其是妊娠最后 2～3 个月，由于体内胎儿生长发育所需营养物质增加，同时为了避免压迫胎儿，要求日粮体积要小，要提高日粮营养浓度，减少粗饲料，增加精饲料，可每日补充 2～3 千克精料，并在饲料中添加适量维生素 A。如有放牧条件，育成母牛妊娠后应以放牧为主，在良好的草地上放牧，精饲料可减少30%～50%；放牧回来后，如未吃饱，应补喂一些干草和多汁饲料。

◆ 后备母牛的管理

【分群】育成牛最好 6 月龄时分群饲养，把育成公牛和母牛分开，以免早配，影响生长发育。同时，育成母牛应按年龄、体格大小分群饲养，月龄差异不超过 1.5～2 个月，活重不超过 25～30 千克。

【刷拭】每天刷拭牛体 1～2 次，每次 5～10 分钟（图7-10）。有条件的牛场可采用自动牛体刷（图 7-11）。

【分栏转群】12 月龄、18 月龄、分娩前 2 个月根据育成母牛发育情况分栏转群，同时进行称重（图 7-12）、体尺测量[②]（图 7-13），做好档案记录。

【运动】尤其舍饲培育的母牛，要保证有足够面积的

[①] 本地黄牛在 260～300 千克、杂交母牛在 300～350 千克。

[②] 一般测量体高、体长、胸宽、胸围、管围。

图7-10 刷 拭

图7-11 自动牛体刷

图7-12 称 重

图7-13 测量体尺

①后备母牛每头有 10~15 米² 的运动场。

运动场①，每天自由运动。在放牧条件下，运动时间一般足够。对妊娠后期母牛要注意做好保胎工作，与其他牛分开，单独组群饲养，防止母牛间挤撞、滑倒，不鞭打母牛。

【适时初配】育成母牛年龄达到 16 月龄时应记录其发情日期，经过几次发情，条件成熟的育成母牛（体型发育及体重达到要求）应及时配种。

【防疫防病】定时注射疫苗（重点为口蹄疫疫苗、布鲁氏菌菌苗等），定期驱除体内外寄生虫。

2. 成年母牛的饲养管理

　　成年母牛包括妊娠母牛、围产期母牛[①]和哺乳母牛。成年母牛产后平均 63 天[②]左右出现发情，一般肉用犊牛哺乳 180 天左右，母牛妊娠期平均 280 天。成年母牛生产周期（一年一胎）见图 7-14。

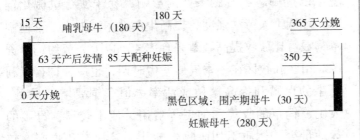

图 7-14　成年母牛生产周期

妊娠母牛的饲养管理

　　妊娠母牛的营养需要和胎儿生长发育有直接关系。妊娠前 6 个月胚胎生长发育较慢[③]，不必为母牛增加营养，对妊娠母牛保持中上等膘情即可（图 7-15），但应防止母牛过瘦（图 7-16）。胎儿增重主要在妊娠的最后 3 个月，此期的增重占犊牛初生重的 70%～80%，需要

①围产期母牛：分娩前后各 15 天的母牛。

②黄牛产后发情时间范围 40～110 天，与母牛体况、营养水平、哺乳等有关。

③绝对增长较慢，即胎儿的绝对增重量小。

图 7-15　体况良好的妊娠母牛

图 7-16　体况差的繁殖母牛

从母体吸收大量营养。同时，母牛体内需蓄积一定养分，以保证产后有充足的泌乳量。一般在母牛分娩前，至少增重45～70千克才足以保证产犊后的正常泌乳与发情。

◆ 妊娠母牛的饲养

【舍饲】在农区和禁牧的牧区一般采取舍饲方式。这种方式便于为大小不同的牛提供相应的饲养条件，使牛群生长发育均匀；便于为牛创造一个合理的厩舍环境，以抗御恶劣自然条件的影响；易于实行机械化饲养，降低工人劳动强度，提高生产效率。如人工草地割草饲喂可比放牧提高牧草采食率40%以上，节约饲草资源。山区和牧区在冬季气候恶劣时期，也应舍饲，以利于牛的保膘和提高繁殖成活率。但舍饲要增加设备、人工、饲草的收集和加工等费用，成本较高；母牛的运动量少，体质不如放牧牛健壮，发病率和难产率较放牧牛高。

妊娠母牛的营养需要表现为前期低、逐渐增加、后期（临产前3个月左右）达最高。母牛妊娠初期在原有饲料营养基础上增加10%～15%的营养即可。母牛妊娠最后3个月，胎儿需要从母牛获得大量的营养，体重350～450千克的妊娠母牛，舍饲时每天应补充精饲料1.5～2.0千克。精料参考配方：玉米52%、饼粕类20%、麸皮25%、石粉1%、食盐1%、微量元素及维生素1%。

舍饲情况下，以青粗饲料为主，适当搭配精饲料。粗饲料如以玉米秸秆、稻草、麦秸为主时，要搭配1/3～1/2优质豆科牧草，或补饲饼粕类饲料，也可以用尿素代替部分饲料蛋白，每头牛每天添加1 200～1 600单位维生素A。妊娠母牛前期，应限量饲喂棉籽饼、菜籽饼、酒糟等饲料，按精饲料量计算棉籽饼用量不超过10%、菜籽饼不超过8%、鲜酒糟日喂量不超过8千克；后期禁喂棉籽饼、菜籽饼、酒糟等饲料。妊娠母牛不能喂冰冻、腐败、发霉饲料。

饲喂顺序：在精饲料和多汁饲料较少（占日粮干物质 10%以下）的情况下，可采用先粗后精的顺序饲喂，即先喂粗饲料，待牛吃半饱后，在粗饲料中拌入部分精饲料或多汁料碎块，引诱牛多采食，最后把余下的精饲料全部投饲，使牛吃净后下槽。若精饲料量较多，可按先精后粗的顺序饲喂。

【放牧】放牧地离牛舍应不超过 3 000 米，不要在有露水的草场上放牧。青草季节应尽量延长放牧时间，保证牛只吃饱，一般不补饲。枯草季节，根据牧草质量和牛的营养需要确定补饲草料的种类和数量。特别是在妊娠最后的 2~3 个月，正值枯草期时，应重点补饲。另外，枯草期维生素 A 缺乏，应补饲胡萝卜，每头每天0.5~1 千克，或添加维生素 A 添加剂，并补充蛋白质饲料、能量饲料及矿物质饲料。精料补充料每头每天 1~2千克。精料参考配方：玉米 50%、麦麸 10%、豆饼 30%、高粱 7%、石粉 2%、食盐 1%，另外，添加维生素和微量元素预混料。

放牧地设置饮水点（图 7-17）。放牧牛只必须补充食盐。地区性缺乏的矿物质（如山区缺磷、沿海缺钙、内陆缺碘，以及地区性缺铜、锌、铁、硒等），可按应补数量混入食盐中，最好混合制成舔砖应用。也可在放牧区设置矿物盐补食槽（图 7-18）。一般补盐量可按每 100千克体重每天 10 克计算。

母牛临产前 15 天停止放牧，进入产房。

◆ 妊娠母牛的管理

【草料卫生】不喂霉烂变质饲料、饲草，不喂有毒、有害物质残留量超标的饲料。不喂冰冻饲料。妊娠后期不喂酒糟、棉籽饼、菜籽饼饲料。

图 7-17　饮水点

图 7-18　矿物盐补食槽

【饮水】保证饮水清洁、卫生，冬季水温不低于10℃；不饮脏水、冰水、有毒有害物质残留量超标的水，做到清晨不饮、空腹不饮、出汗后不急饮。

【运动】怀孕母牛要适当运动。大部分专业户对繁殖母牛采取传统的拴系饲养方式，没有运动场，对繁殖母牛十分不利。妊娠后期2个月，每天应牵引运动1～2小时，牵牛走上、下坡，以保持胎位正常。

【保胎】做到"四防"：

（1）防爬跨　群养时要防止牛的爬跨。

（2）防挤压　进出围栏和牛舍时防止挤压。

（3）防追赶　严格禁止追赶妊娠母牛。

（4）防鞭打　严禁鞭打妊娠母牛。

【观察】临产前应加强观察，发现有临产征兆的母牛，使其进入产房，作好接产准备工作，保证安全分娩。

围产期母牛的饲养管理

围产期母牛在粗饲料品质差、采食量不足、营养缺乏情况下，很易造成体重明显下降、代谢紊乱、发病率高，这个阶段的饲养管理应以恢复体质（保健）为中心，对增进临产前母牛、胎犊、分娩后母牛及新生犊牛的健康极为重要。

◆ 围产期母牛的饲养

一般将围产期母牛分为围产前期（产前 15 天）母牛、围产后期（产后 15 天）母牛。

【围产前期的饲养】饲料以优质干草为主，添加以麸皮为主的精料，精料喂量不超过体重的 1%，对体弱临产牛可加喂豆饼[①]，对过肥临产牛可适当减少精料喂量。

临产前 15 天以内的母牛，除减喂食盐外，还应饲喂低钙日粮，其钙含量减至平时喂量的 1/2 ~ 1/3，或将钙在日粮干物质中的比例降至 0.2%。临产前 7 天的母牛可逐渐增喂精料，但最大量不超过母牛体重的 1%。产前乳房严重水肿的母牛，不宜多喂精料。

母牛在分娩前 1 ~ 3 天，食欲低下、消化功能较弱，此时精料最好调制成粥状，精料中可增加麸皮含量[②]，防止母牛发生便秘。

【围产后期的饲养】母牛分娩后，及时饮用热益母草红糖水（图 7-19），每天 1 次，连服 2 ~ 3 天。

母牛产后 2 天内以优质干草为主，补喂易消化的精料（玉米、麸皮）。日粮中钙的水平应由产前占日粮干物质的 0.2%增加到 0.6% ~ 0.7%。对产后 3 ~ 5 天的母牛，如果食欲良好、健康、粪便正常（不腹泻、不酸臭），可逐渐增加精料喂量（每天每头增加 0.45 千克）和青贮料喂量（每天每头增加 1 ~ 2 千克），每天精料最大喂量不

①每天每头不超过 0.5 千克。

②麸皮占精料的比例可达到 50% ~ 70%。

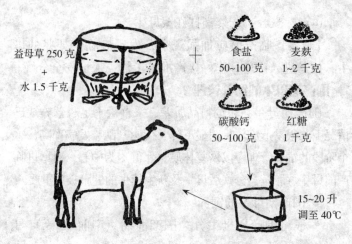

益母草 250 克
+
水 1.5 千克

食盐
50~100 克

麦麸
1~2 千克

碳酸钙
50~100 克

红糖
1 千克

15~20 升
调至 40℃

图 7-19　喂饮益母草红糖水

超过体重的 1.5%。产后 1 周,母牛可恢复正常喂量。

◆ 围产期母牛的管理

【产房准备】必须提前将产房打扫干净,用 2%火碱水喷洒消毒;保持产房清洁、干燥、安静;铺垫清洁卫生的垫草,产犊后及时更换垫草。

产房要经常备有消毒药品、毛巾和接生用器具等。

【接产】产房昼夜应有人值班。发现母牛有临产征兆(表现腹痛、不安、频频起卧),即用 0.1%高锰酸钾液擦洗生殖道外部。

母牛分娩必须保持安静,并尽量使其自然分娩。母牛分娩应使其左侧躺卧,以免胎儿受瘤胃压迫产出困难。一般从阵痛开始需 1~4 小时,犊牛即可顺利产出。

如发现异常,应请兽医助产。

【监护】产犊后要尽快将母牛驱赶站起,以减少出血、利于子宫复位和防止子宫外翻。

母牛分娩后把它的两肋、乳房、腹部、后躯和尾部等污脏部分用温热的消毒水洗净,用干净的毛巾或干草擦干;清除产房内被污染的垫草和粪便,对地面消毒后铺上清洁、干燥的垫草。

观察胎衣、恶露排出情况，观察阴门、乳房、乳头等部位是否有损伤。每天测量体温 1~2 次，若有升高及时查明原因，并进行处理。

【饮水】产后 1 周内的母牛，不宜饮用冷水，应饮温水，水温 37~38℃，1 周后可降至常温。为了促进食欲，尽量多饮水，但对乳房水肿严重的母牛，饮水量应适当减少。

【乳房护理】对产后乳房水肿严重的母牛，每天用热毛巾热敷、按摩乳房 1~2 次，每次 5~10 分钟。

保持圈舍的清洁、干燥，保持牛体及乳房的清洁卫生，防止乳房被病菌感染，也防止因乳房卫生差而感染犊牛。

➤ 哺乳母牛的饲养管理

经过围产后期①的饲养，哺乳母牛食欲已恢复正常、子宫恶露已排干净、乳房水肿已完全消退，随着母牛体况的恢复产奶量显著上升，是促进犊牛早期生长发育的重要时期。这一时期哺乳母牛的主要任务是多产奶，以供犊牛需要；同时，保持哺乳母牛良好的体况（图 7-20、图 7-21），促进母牛产后及时发情配种，提高母牛的繁殖效率。

哺乳母牛的体况要保持在中等偏上水平（图 7-22），

①母牛分娩后15 天。

图 7-20　体况良好的哺乳母牛

图 7-21　体况偏差的哺乳母牛

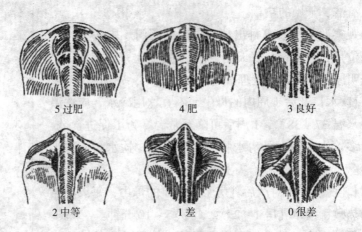

5 过肥	4 肥	3 良好
2 中等	1 差	0 很差

图 7-22 母牛体况评定示意图

过肥、过瘦都影响母牛的繁殖及泌乳能力。

也可参照奶牛体况评分标准（图 7-23），保持哺乳母牛的体况评分在 3 分左右为宜。

母牛在哺乳期所需要的营养水平比妊娠后期高，每产 3 千克含脂率 4% 的奶，约需要提供 1 千克配合饲料。

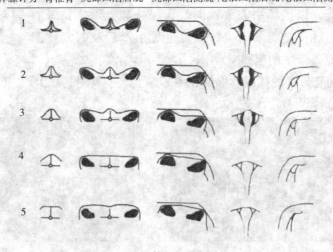

体膘评分 背椎骨 尻部凹陷后观 尻部凹陷侧观 尾根凹陷后观 尾根凹陷侧观

图 7-23 奶牛体况评分标准

本地黄牛产后平均日泌乳 2~4 千克，泌乳高峰多在产后 1 个月出现。大型肉用母牛在自然哺乳时，平均日泌乳量可达 6~7 千克，产后 2~3 个月达到泌乳高峰。西门塔尔等兼用牛平均日泌乳量可达 10 千克以上，泌乳盛期日泌乳量可达 30 千克左右。如果母牛营养不足，不仅产乳量下降，还会损害母牛健康，延后产后发情，降低母牛的繁殖效率。

对本地黄牛、肉用品种、杂交母牛，其哺乳期一般分为哺乳前期（分娩至产后 3 个月）及哺乳后期（产后第 4 个月至犊牛断奶）；对乳肉兼用品种、乳用品种，其泌乳期一般分为泌乳初期（分娩至产后 15 天）、泌乳盛期（产后 16~100 天）、泌乳中期（产后 101~200 天）及泌乳后期（产后 201 天至干乳）[1]，其饲养管理可参考乳用牛的相关文献。

◆ 哺乳前期母牛的饲养

这一时期是哺乳母牛泌乳的高峰时期，犊牛营养的主要来源也依赖母乳，同时也是母牛进入产后发情的重要阶段，是母牛对能量、蛋白质、钙、磷、微量元素及维生素需要量最高的时期。

在这种情况下，要提高日粮的营养浓度，特别注意选择优质粗饲料，保持矿物质的供应。必要时应增加饲喂次数，以提高牛的采食量。尽量避免出现营养负平衡，或缩短营养负平衡的时间，保持母牛中等体况。

这个时期可采用交替饲养法（又称节律性饲养法）[2]。通过这种周期性的变化，提高母牛的食欲和饲料转化率，增加母牛的泌乳量。具体方法是通过精饲料和粗饲料的不同用量来实现的。一般交替饲养的周期为 2~7 天，其方案制订要根据本场饲料条件、母牛的体况及生产性能等因素确定，可参照某奶牛场高产奶牛交替饲养方案（表 7-4）。该方案交替饲养的周期为 7 天，到产后 48 天母牛

①其饲养要点：泌乳初期讲安全、泌乳盛期夺高产、泌乳中期保稳产、泌乳后期看体况。

②每隔一定天数，改变饲养水平和饲养特性的饲养方法。

表7-4　定期交替饲养方案（千克）

产后天数	青贮料	干草	青草及多汁饲料	精料补充料
20～26	10	8	12	7
27～33	10	11	30	3
34～40	10	11	30	10
41～47	10	14	40	4～5
48～54	10	14	40	11～13

①主要靠增加精料补充料提高产奶量。

的日产奶量达到32千克。精料补充料参考配方：玉米50%、麸糠类20%～22%、饼粕类20%～25%、磷酸氢钙3%、石粉1%、小苏打1%～2%、微量元素和维生素预混料1%、食盐1%。

也可采用引导饲养法（俗称"奶跟着料走"）①，母牛产犊后，每天增加0.45千克精料补充料，直到泌乳高峰过后。

采用交替饲养法及引导饲养法要防止将母牛养得过肥。

放牧饲养时，因为早春产犊母牛正处于放牧地青草供应不足的时期，为保证母牛产奶量，要特别注意哺乳母牛前期的补饲。除补饲秸秆、青干草、青贮料等外，每天补饲混合精料补充料2千克左右，同时，注意补充矿物质及维生素，促进母牛产后发情与配种。

◆ 哺乳后期母牛的饲养

哺乳后期母牛泌乳量下降，犊牛也能采食部分固体饲料（青粗饲料、犊牛料等），这是母牛泌乳的正常规律。通过保证营养、充足的运动和饮水，加强乳房按摩等措施，可以延缓泌乳量的下降。同时，这个时期牛的采食量有较大增长，如饲喂过量的精料，易造成母牛过肥，影响产奶和繁殖。因此，应根据母牛的体况和粗饲料供应情况确定精料喂量，混合精料每天一般补充1～2千克，并补充矿物质及维生素添加剂，多供青绿多汁饲料；日粮以青粗饲料为主。

在人工草地放牧（图 7-24），基本能保证母牛的营养需要；最好采用分区围栏放牧（图 7-25）；放牧母牛主要补充食盐、钙、磷及微量元素；禾本科草地适当补充蛋白质饲料。

图 7-24　哺乳母牛在人工草地放牧　　图 7-25　母牛分区围栏放牧（美国）

◆ 哺乳母牛的管理

【运动】运动能保证母牛的体质，促进产后发情，提高产奶量。放牧牛只能保证其运动量，主要注意公、母分群放牧，防止野交乱配。舍饲哺乳母牛每头保证有 20 米²的运动场，让牛只自由运动，每天运动不少于 3 ~ 4 小时。

【饮水】保证充足、清洁的饮水，放牧地设置饮水点，舍饲条件下最好能达到自由饮水。

【乳房护理】每天用热毛巾热敷、按摩乳房 1 ~ 2 次，每次 5 ~ 10 分钟。观察乳房是否发烫、乳房内是否有硬块，防止发生乳房炎。

【产后配种】产后 40 天左右开始注意观察母牛产后发情情况，做好发情记录，及时配种。

3. 肉用犊牛的饲养管理

犊牛是指从初生至断奶阶段的小牛。这一阶段的主要任务是提高犊牛成活率，为育成期的生长发育打下良好基础。犊牛分为初生期（产后至 7 日龄）犊牛、常乳期（8 日龄至断奶）犊牛。肉用犊牛一般 5～6 月龄断奶，乳用公犊多在 2～3 月龄断奶。

▶ 初生期犊牛的饲养管理

犊牛出生后，生活环境由母体体内到自然环境，营养来源由母体供应到自己摄食、消化、吸收，再加上犊牛缺乏免疫能力，因此，初生期是犊牛饲养管理十分重要的阶段。

◆ 初生期犊牛的饲养

尽早哺喂初乳[①]是初生期犊牛饲养的关键，一般要求犊牛出生后 0.5～1 小时内吃上亲生母亲的初乳，第一次要求吃饱（最少不低于 1 千克）。

初乳是初生犊牛不可替代的营养来源。初乳中的免疫球蛋白含量高，具有抑制和杀死多种病原微生物的功能，使犊牛获得免疫能力，但初生犊牛的肠黏膜能直接吸收免疫球蛋白的特殊功能只能维持到出生后的 36 小时左右，因此，要尽早让犊牛吃上吃好初乳。初乳中含有较高的镁盐，有利于犊牛排出胎粪；初乳的酸度高，进入犊牛消化道能抑制胃肠有害微生物的活动。初乳除乳糖含量低于常乳外，其他成分都高于常乳（表 7-5）。

如果因母牛难产、乳房炎等原因，犊牛不能吃上亲生母亲的初乳，可以让犊牛吃其他母牛的初乳或冷冻初乳或调制人工初乳。人工初乳参考配方：鲜牛奶 1 千克、生鸡蛋 2～3 个、鱼肝油 30 克、食盐 20 克、蓖麻油 50 克。人工初乳各成分充分搅拌，混合均匀后隔水加热至 38℃饲喂。

肉用犊牛一般是随母哺乳（图 7-26、图 7-27）。如果母子分开饲养，应保证每天哺乳犊牛 3～4 次。

乳用公犊等采用人工哺乳，使用哺乳壶或哺乳桶哺乳（图 7-28、图 7-29）。使用哺乳桶哺乳开始要调教几

①母牛产犊后 5～7 天分泌的乳汁称为初乳。

表 7-5　初乳与常乳成分比较

项　目	初　乳	常　乳
干物质（%）	27.6	12.4
脂肪（%）	3.6	3.6
蛋白质（%）	14.0	3.5
球蛋白（%）	6.8	0.5
乳糖（%）	3.0	4.5
胡萝卜素（毫克/千克）	900~1 620	72~144
维生素 A（毫克/千克）	5 040~5 760	648~720
维生素 D（毫克/千克）	32.4~64.8	10.8~21.6
维生素 E（毫克/千克）	3 600~5 400	504~756
钙（克/千克）	2~8	1~8
磷（克/千克）	4.0	2.0
镁（克/千克）	40.0	10
酸度（°T）	48.4	20

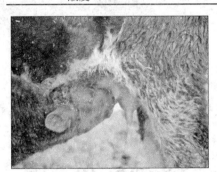

图 7-26　哺　乳

图 7-27　随母哺乳

图 7-28　哺乳壶哺乳

图 7-29　哺乳桶哺乳

次，一般用大腿夹住犊牛的肩胛部位，一只手拿奶桶、一只手指上沾上少许牛奶，将手指放入犊牛嘴中，引导犊牛吸奶，注意防止犊牛呛奶。

人工哺乳每天的喂量可按犊牛体重的 1/8～1/6 喂给，日喂次数不少于 3 次，头 2～3 天尽量吃亲生母亲的初乳，第 4 天开始可以喂混合初乳。

◆ 初生期犊牛的管理

【消除黏液】犊牛出生后，必须立即清除口、鼻腔中的黏液和异物，并将其舌向外拉，确认犊牛能正常呼吸。如果犊牛肺中呛入胎水，可握住犊牛后腿将犊牛倒提拍打排出（图 7-30）；也可将犊牛仰卧、头偏向一边，对其胸壁交替按压排出胎水（图 7-31）。

图 7-30　倒提排出胎水

图 7-31　按压排出胎水

对窒息的犊牛，可将犊牛仰卧，上、下提起肩部，弯曲、伸展腿部；也可进行"口对鼻的回生复苏术"，将犊牛嘴及一侧鼻孔闭合后，从另一侧鼻孔吹气。救活一头犊牛就保证了一头母牛一年的饲养成果，而时间是最关键的，必须及时处理。

犊牛体表黏液最好让母牛舔干（图 7-32），不仅可促进犊牛迅速站立，而且有利于母牛排出胎衣；若母牛不能舔掉黏液，可用消毒过的干布擦净黏液（图7-33），避免犊牛受凉。

图 7-32 舔干犊牛

图 7-33 擦干犊牛

另外，剥去犊牛软蹄。犊牛想站立时，应帮助其站稳。

【断脐】通常情况下，犊牛的脐带自然扯断。未扯断时，将脐带中的血液和黏液挤挣，用消毒剪刀在距腹部6~8厘米处剪断脐带，用5%~10%的碘酊浸泡1~2分钟，切忌将药液灌入脐带内（图7-34）。断脐不要结扎，

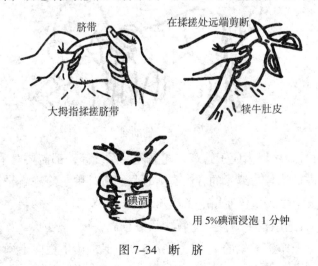

脐带　　在揉搓处远端剪断

大拇指揉搓脐带　　犊牛肚皮

碘酒

用5%碘酒浸泡1分钟

图 7-34 断　脐

以自然脱落为好。

【称重】在哺喂初乳前称初生重（图7-35），并做好记录。

图7-35　称初生重

【辅助哺乳】犊牛能够自行站立时，让其接近母牛后躯，采食母乳（最好在出生后0.5～1小时内吃上初乳）。对初产母牛、不习惯哺乳的母牛、个别体弱的犊牛，通过口令等方式进行人工辅助（图7-36），不要鞭打、恐吓母牛。

图7-36　辅助哺乳

【编号】为便于管理、建立溯源系统等，都需要对牛只进行编号。编号的方法有剪耳号、戴耳牌、冷冻烙号，而大型牛场主要使用电子耳标。

【选用犊牛栏】初生犊牛最好饲养在犊牛栏内，栏内垫上干净、柔软的垫草（图7-37），保持犊牛栏内干燥、

图 7-37　犊牛栏

清洁卫生。保持犊牛舍的温度，冬季不低于 10～15℃，夏季不高于20～25℃。

【哺乳】随母哺乳：主要观察犊牛的吮乳行为，当犊牛频繁用头顶撞母牛乳房、吞咽次数不多时，表明母牛泌乳量不足，应加强母牛的饲养；当犊牛口角出现白色泡沫，吸吮动作减慢时，表明母乳充足，犊牛已吃饱，应牵走母牛，防止犊牛消化不良。

人工哺乳：一是做到"定时、定量、定温"，初生期牛奶温度保持在 35～38℃；二是保证哺乳用具卫生，每次使用前、后要及时清洗干净，清洗后倒置晾干，定期消毒；三是哺乳后，用干净毛巾将犊牛口鼻周围的残留乳汁擦净，避免形成舔癖。

【饮水】保证清洁饮水的提供，初生期犊牛最好饮用温开水，冬季水温达到 35～38℃为宜。

常乳期犊牛的饲养管理

经过初生期的饲养后，犊牛对外界环境有了初步的适应能力，其饲料由单纯的液体饲料（母乳）逐步过渡到固体饲料（青粗饲料和混合精料），及时补喂固体饲料是常乳期犊牛饲养的关键。

◆常乳期犊牛的饲养

【哺乳】犊牛对母乳的消化利用率高。母乳是保证犊牛健康发育的重要营养来源。

肉用犊牛一般采用随母哺乳，主要注意观察犊牛的吮乳行为（见初生期犊牛的哺乳）。

人工哺乳每天的哺乳量可按犊牛体重的 1/10 喂给，日喂 2 次；随着固体饲料采食量的增加，逐渐减少哺乳量。

规模牛场可采用保姆牛哺育法，一般采用低产奶牛作保姆牛，根据泌乳量带哺 2 ~ 4 头犊牛，既便于管理、节省劳力，又有利于繁殖母牛产后及早发情配种，提高繁殖率。

【补喂固体饲料】体重 50 千克的犊牛在日增重 500 克的情况下，按体重 1/10 饲喂乳脂率 3.7% 的常乳，只能满足犊牛对蛋白质的需要，而能量只能满足 66%，维生素 D、铁等微量元素都不能满足犊牛生长发育的需要；同时，为了促进犊牛前胃发育，提高培育质量，也必须饲喂固体饲料（图 7-38）。尤其对于杂交犊牛，由于其生长发育快而本地黄牛泌乳量低，补喂固体饲料就更为重要。

图 7-38 补喂固体饲料

（1）干草 从出生后 1 周开始，在犊牛栏草架内添加优质干草，任犊牛自由咀嚼，练习采食；随母放牧的犊牛也会采食部分青草。

（2）精料 生后 10 ~ 15 天开始训练犊牛采食精料，

最初可将黄豆、小麦等炒熟，打成粉状，加入 1%～1.5% 的食盐，还可加入少量糖蜜，调成粥状，或制成糖化料，涂擦犊牛口鼻，诱其舔食。也可直接将玉米面、黄豆面等熬成粥饲喂犊牛（图 7-39）。开始时日喂干粉料 10～20 克，到 1 月龄时每天可采食 150～300 克。1 月龄后可采用混合精料，其参考配方：玉米 50%、豆饼 30%、麦麸 12%、酵母粉 4%、碳酸钙 1%、磷酸氢钙 1%、食盐 1%、维生素及微量元素添加剂 1%。2 月龄时可采食混合精料 500～700 克。3 月龄时可采食混合精料 750～1 000 克。当混合精料采食量达到 1 000 克，犊牛可以断奶。

图 7-39　熬粥饲喂犊牛

（3）多汁饲料　如胡萝卜、甜菜等，在 1 月龄时开始补喂，每天先喂 20～25 克，2 月龄时可增加到 1～1.5 千克，3 月龄 2～3 千克。

（4）青贮饲料　2 月龄开始饲喂，最初每天 100～150 克，3 月龄时 1.5～2 千克，4～6 月龄时 4～5 千克。

◆ 常乳期犊牛的管理

【分圈】将母牛、犊牛分开饲养（图 7-40），犊牛可采用圈内群养方式，圈内垫上干净的垫草（图 7-41）。做到"三勤"，即勤打扫、勤换垫草、勤观察。做到"喂奶时观察食欲、运动时观察精神、扫地时观察粪便"。保

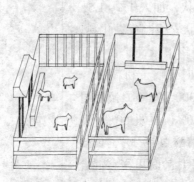

图 7-40　母牛、犊牛分圈饲养　　　　　图 7-41　犊牛舍垫草

持圈舍清洁、干燥，冬季注意保暖，夏季重视防暑降温。

【保持卫生】做到"三净"，即饲料净、畜体净、工具净。犊牛饲料不能有发霉变质和冰冻结块现象，不能含有铁丝、铁钉、牛毛、粪便等杂质。坚持每天刷拭牛体 1~2 次。每次用完的奶具、补料槽、饮水槽等一定要洗刷干净，保持清洁。

【去角】为便于管理、防止意外，对于有角的品种应将角去掉。去角的方法主要有电烙铁去角法和药物去角法。犊牛去角的最佳时间范围是 7~30 日龄，此时犊牛易于保定、流血少、痛苦小，不易受细菌感染。过早应激过大，容易造成疾病和死亡；过晚生长点角化，应用药物去角很困难，应用烧烙的方法也不容易掌握。

（1）电烙铁去角法　选择枪式去角器（图 7-42），其顶端呈杯状，大小与犊牛角的底部一致。通电加热后，一人保定后肢，两个人保定头部，也可以将犊牛的右后肢和左前肢捆绑在一起进行保定，然后用水把角基部周围的毛打湿，并将电烙铁顶部放在犊牛角顶部 15~20 秒或者烙到犊牛角四周的组织变为古铜色为止（图 7-43）。用电烙铁去角时犊牛不出血，在全年任何季节都可进行，但此法只适用于 15~35 日龄的犊牛。该法较药物去角法

图 7-42　犊牛去角器

图 7-43　电烙铁去角

安全、去角效果好，应作为首选方法。

（2）**药物去角法**　主要利用氢氧化钠破坏角的生发层。先将犊牛角周围 3 厘米范围内的毛剪去，并用 5%碘酊消毒，周围涂上一圈凡士林油剂，防止药品外溢流入眼中或烧伤周围皮肤，将氢氧化钠与淀粉按照 1.5∶1 的比例混匀后加入少许水调成糊状，带上防腐手套，将其涂在角上约 2 厘米厚（图 7-44）。在操作过程中应细心认真，如涂抹不完全，角的生长点未能破坏，角仍然会长出来，一般涂抹后 1 周左右，涂抹部位的结痂会自行脱落。

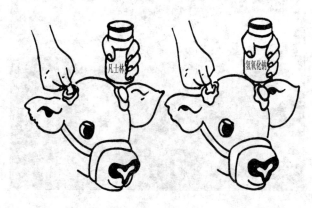

图 7-44　药物去角

还可以使用氢氧化钠棒给犊牛去角，经过上述常规处理以后，用棒状的氢氧化钠在犊牛角的基部摩擦，直到出血为止，以破坏角的生长点。

另外，可以选择去角灵膏剂进行涂抹去角。

犊牛去角前应从原牛群中隔离出来，最好是在犊牛单栏饲养的时候进行，以避免相互舔舐造成犊牛的口腔、食道等部位被烧伤。去角处理后必须对犊牛隔离数日，去角后24小时内要每小时观察1次，发现异常及时处理；同时，避免雨淋，以防氢氧化钠流入眼内或造成面部皮肤损伤。

使用药物去角时，术者要带好防护手套、防护眼镜，防止氢氧化钠烧伤手及眼睛。

【剪去副乳头】对繁殖用母犊牛乳房上的副乳头，可在4～6周龄时将副乳头处进行消毒，用消毒剪刀从副乳头下方基部将其剪掉，然后消毒创口，避免成年产乳后副乳头内分泌少量乳而引发炎症。

【运动】随母放牧（图7-45）的犊牛能保证充足的运动，一般根据气候情况，产后10～15日龄的犊牛可随母放牧，初期放牧地选择距牛舍500米左右为宜，避免

图7-45　带犊放牧

母牛过累和犊牛跟不上。哺乳母牛也可采用拴牧方式，犊牛自由活动（图7-46）。

图7-46　带犊拴牧

要保证舍饲犊牛运动场面积[①]，暖季在4～7日龄、冷季在7～10日龄时，可放入运动场运动，开始时间不宜长，逐渐增加时间和运动量。2～3周龄后，每天上、下午各运动1次，每次1～2小时。

【断奶】肉用犊牛一般5～6月龄断奶，进行早期补饲的犊牛可以提前到3～4月龄断奶。采用循序渐进断奶法，减少断奶应激。

随母哺乳的犊牛，在断奶前15天左右开始，先由任意哺乳改为每天4～5次定时哺乳，5～6天后改为每天2～3次哺乳，4～5天后为每天1～2次哺乳，最后几天为每天1次哺乳，逐渐减少哺乳次数，最后母仔隔离饲养，尽快脱离"母仔恋"，保证母仔安静采食与休息。不要采用给犊牛戴"笼罩"的方式断奶（图7-47），不仅影响母牛、犊牛的采食与休息，而且断奶时间长、效果差。

断奶期间，要保证犊牛充足的饮水，舍内要设置饮水槽（图7-48）。

人工哺乳的犊牛，随着固体饲料采食量的增加，可逐

[①] 犊牛运动场面积：每头5～10米²。

图 7-47　不良的断奶方法

图 7-48　提供充足饮水

渐减少哺乳量,当混合精料采食量达到 1 千克时可以断奶。

4. 牛源基地建设

　　肉牛产业投资大、周期长,社会化程度高。国外肉牛产业经过上百年的发展,专业分工越来越明确,尤其是架子牛的生产与育肥牛的生产。不同的国家,受生产目的和消费市场的影响，饲养模式不尽相同。英国肉牛的饲养方式大体有三种：一是以粗饲料为主、18 月龄出栏的半集约化肥育法；二是大量喂给粗饲料、24 月龄出栏的粗放式肥育法；三是大量饲喂谷物、12 月龄内出栏的集约化肥育法。美国把西部地区繁殖的犊牛（图 7-49），断奶后转移到粮食较多的中部玉米产地，并把商品犊牛繁殖场中的合格公牛（体重达到 320 千克以上）及未妊娠母牛卖给强度肥育牛场，再经 100 天的强度育肥到屠宰体重 450～500 千克出售屠宰。这种异地育肥制度给美国肉牛业带来了生机，使养牛数量增加、出栏率提高、屠宰率提高、胴体品质改善、高档牛肉的产量提高。澳大利亚 20 世纪 90 年代以前的肉牛主要是通过草地育肥后出售。进入 90 年代，随着日本及韩国等亚洲市场的崛起，对牛肉的品质提出了更高的要求，为此大批育肥场应运而生，变单纯的粗放草场生产经营为"草场放牧＋育肥场育肥的直线育肥"的生产经营。

图 7-49　美国的繁殖母牛群

　　我国肉牛业经过近几十年的发展，尤其是 20 世纪 90 年代后的快速发展以后，受地域、气候、社会经济等条件的影响，肉牛生产出现了明显的区域特征。肉牛优势产区的作用越来越明显，其中中原肉牛带、东北肉牛带、西南肉牛带、西北肉牛带的牛肉产量已占全国牛肉产量的 80% 左右。

从国内外肉牛产业发展模式来看，牛源基地建设是获得优质、高档肉牛不可缺少的重要环节。

▶▶ 牛源基地的选择

总的原则是根据饲草资源、牛种资源、繁殖母牛资源等确定，原则上要求饲草能保证就地就近供应、地方品种性能优良、繁殖母牛存栏数量大、分布相对集中。

在全国范围提出"北繁南育①""牧繁农育②"等模式。就某一区域，应充分利用农业区位优势，以牧草资源相对丰富的草原、丘陵、山区为牛源基地为宜，可以充分利用饲草资源及放牧条件，降低架子牛生产成本（图 7-50）。

①北方生产架子牛，南方育肥。
②牧区生产架子牛，农区育肥。

图 7-50　利用草山、草坡放牧繁殖母牛

牛源基地的水源要符合国家无公害养殖的要求，保证水源的质量及来源。不在有污染源（农药厂、造纸厂、皮革厂、化肥厂、有毒有害金属厂等）的地方建设牛源基地，或有 2 千米以上的间隔距离。

对于牛源基地的规模，宜采用"小群体大规模"，能繁母牛总数达到 3 万 ~ 4 万头，每年能获得 2 万 ~ 3 万头犊牛为宜；前期重视以家庭为单位的农户养殖（图 7-

51），逐步引导和发展专业大户、母牛饲养专业户（养殖小区）（图 7-52）、犊牛饲养专业户及繁殖母牛养殖场（图 7-53）。

图 7-51　南方农区庭院养牛模式

图 7-52　母牛养殖小区

图 7-53　繁殖母牛养殖场

牛源基地的组织

随着我国肉牛产业的快速发展，地方政府、龙头企业等在牛源基地建设模式的探索中积累了许多经验。大多采用"公司＋基地＋农户"的模式，但因不守信用、利益分配不合理、农户资金及技术薄弱等原因，推行时会遇到难以克服的困难。如何建立具有共同利益机制的肉牛合作社和养牛业协会，部分地区总结出"六位一体①"的发展模式，为牛源基地的建设提供了参考。其中，政府为主导，龙头企业（公司）为核心，养牛协会为媒介，保险及银行部门为保障，农户为主体。

◆ 龙头企业（公司）

主要从事肉牛屠宰加工、牛肉商业贸易，把资源优势转化为经济优势；兑现利益合理分配；承担肉牛产业发展的技术研发或研发费用，为农户提供贷款担保，支付养牛协会活动经费等。

◆ 养牛协会

组织协会会员按龙头企业（公司）需要的产品质量饲养肉牛，为会员提供信息服务（技术、市场价格、牛资源、疫病等），协调龙头企业（公司）和养牛户的矛盾，为养牛户说公道话、办公道事；与龙头企业（公司）共同商定肉牛价格标准等。

◆ 保险部门

为养牛户提供养牛伤亡保险，既解除养牛户的后顾之忧，也消除银行怕收不回贷款的顾虑；收取保险费等。

◆ 银行部门

给养牛户、龙头企业（公司）提供资金贷款等。

◆ 政府部门

政策引导、政策支持，监督龙头企业（公司）和养牛户履行合同等。

①包括：龙头企业（公司）、养牛协会、保险部门、银行部门、政府部门、养牛户。

◆ 养牛户

按龙头企业（公司）需要的产品质量饲养肉牛，按时供牛；接受养牛协会的技术指导；按期还贷付息等。

牛源基地建设内容

着力"四大体系建设①"，打造一批标准化的示范场（户），实现"八个统一②"，提升牛源基地的建设水平和质量。

◆ 良种繁育体系建设

良种繁育体系建设是牛源基地建设的核心。

提升基础母牛群的质量是解决牛源问题的关键。目前，基础母牛主要为本地黄牛，另有部分杂交母牛。由于对本地黄牛缺乏选育，加之对杂交母牛的选留也缺乏标准，导致基础母牛群良莠不齐，严重影响繁殖效率的提升。建立基础母牛的登记制度，制订能繁母牛标准，淘汰发育不良、存在严重繁殖障碍的个体，逐步建立核心种子母牛群，为优质牛源提供基础保障。在本地黄牛生产区，建立本地公牛认证制度，制订本地公牛标准，强制阉割不合格公牛，防止野交乱配，提高本地黄牛质量。

在二元杂交的基础上，推广三元杂交、轮回杂交，建立母牛带犊繁育体系，是提升牛源质量的重点。在杂交父本选择上，根据产品市场定位进行合理选择，有条件的地区可发展乳肉兼用品种，提高繁殖母牛的养殖效益。

建立冷冻精液人工授精体系，完善基本装备，培训一批技术过硬、服务一流的输精员队伍，扩大改良面，推广和使用先进的繁殖技术。

◆ 饲草饲料体系建设

饲草饲料体系建设是牛源基地建设的物质基础。

加强草地的改良、维护和管理，充分利用农闲田、滩涂、流转归并的土地，大力推进种草养牛。通过推广

①良种繁育体系、饲草饲料体系、疫病监控及防治体系、技术研发及服务体系。

②统一：配种繁殖、防病防疫、饲养技术指导、饲料配方、精饲料供应、青贮饲料制作、产品销售、牛舍设计等。

不同牧草的丰产栽培技术，达到牧草产量与质量同步、鲜草与草产品配套，实现四季轮供，促进草业产业化，构建草畜配套体系。

充分利用农作物秸秆资源、加工副产物，开发经济适用的精料补充料，降低饲料成本；推广妊娠后期母牛、哺乳母牛、犊牛的补饲技术，提高母牛繁殖率及犊牛培育质量。

◆ 疫病监控及防治体系建设

疫病监控及防治体系建设是牛源基地建设成功的保障。

贯彻"防重于治"的方针，完善肉牛疫病监控及防治体系，把握好免疫、监测、疫情报告等重点环节，防止重大疫情的发生。

◆ 技术研发及服务体系建设

技术研发及服务体系建设是牛源基地建设与发展的动力。

充分发挥高校、科研院所及地方畜牧兽医科技队伍的作用，强化技术培训和技术指导，保证牛源基地建设健康发展。

◆ 推进牛源基地的标准化建设

推行良好农业操作规范，实现牛源基地的健康养殖，打造一批规模化、标准化的繁殖母牛养殖场（户），促进肉牛养殖向专业化、规模化方向发展。

八、架子牛生产技术

内容要素
- 架子牛的选择及生产方式
- 架子牛的饲养管理
- 架子牛的分级

1. 架子牛的选择及生产方式

架子牛通常是指从断奶到肥育前的牛。它是由于恶劣的环境条件及较低日粮营养水平导致幼牛生长速度下降，而骨骼和内脏基本发育成熟、肌肉及脂肪组织尚未充分发育，具有较大的肥育潜力。

架子牛选择

◆ 品种

架子牛育肥是我国肉牛生产的主要方式。架子牛的品种对育肥效果影响较大。首先，选杂种牛，充分利用杂种优势，其日增重、饲料利用率、肉品质量、屠宰率和经济效益均较高；其次，选我国的地方良种黄牛，如秦川牛、南阳牛。

◆ 去势

架子牛根据市场需要决定公牛是否去势①。不去势公牛的生长速度和饲料转化率高于阉牛，且胴体的瘦肉多，脂肪少，因此，现在许多国家不将公牛去势直接育肥，以生产大量的牛肉。生产一般的优质牛肉最好将公牛在1

①美国的犊牛出生后除作种用外全部去势再育肥。

257

岁左右去势；生产优质牛肉高等级切块，应当在犊牛3～4月龄左右去势，如"雪花牛肉"（肌肉中有较好的大理石花纹）；生产小牛肉可用"提睾去势法"①。

◆ 年龄

架子牛根据年龄可分为犊牛（年龄不超过1岁）、1岁牛、2岁牛、3岁牛。不同年龄阶段的牛，饲料转化率不同，肉牛1岁时饲料转化率高，增重最快，2岁时增重为1岁时的70%，3岁时只有2岁时的50%，因此，肥育1～2岁的架子牛较好，通常由牧场或农户选购到肥育场育肥。

◆ 体型

架子牛要体型大，肩部平宽，胸宽深，背腰平直而宽广，腹部圆大，肋骨弯曲，臀部宽大，被毛细而亮，皮肤柔软、疏松并有弹性。

▶ **架子牛的补偿生长**

架子牛具有补偿生长的特点，即幼牛在生长发育的某个阶段，如果饲料贫乏、饲喂量不够或由于饲料质量不好，生长就会受阻，在后期某个阶段提供较高的营养条件时，其生长速度就会比一般牛快，这种特性叫做架子牛的补偿生长。如果饲养管理得当，后期增重较快的牛甚至会完全补偿以前失掉的增重，达到正常体重（图8-1）。但从饲料利用率角度来看，全程均衡营养有利。若早期（胚胎时期、初生时期）发育受阻，或营养过度贫乏，导致胚胎型个体、幼稚型个体，其后期营养改善，也不

①提睾去势法：将睾丸向阴囊的上端推挤，使睾丸从鼠蹊孔进入腹腔或紧贴腹壁，阴囊下端用弹性较好的橡胶圈扎紧，造成隐睾或提高睾温，使睾丸不能产生精子。

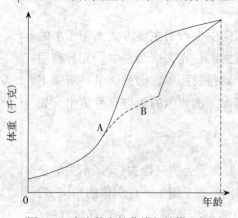

图8-1 肉牛的生长曲线与补偿生长
A.正常饲养组 B.限制饲养组

能恢复到正常体重，生产中要防止发生。

架子牛的生产方式

架子牛的生产就是一个吊架子的过程，在架子牛阶段主要是保证骨骼发育正常，一般在犊牛断奶后就以粗饲料为主，达到一定体重后进行肥育。架子牛饲养要以降低成本为主要目标，可以调节饲料在时间和空间上的丰歉，以利于生产的组织。所以，架子牛饲养不要以生长速度高为目标，一般日增重维持在 0.4 ~ 0.6 千克。

肉牛生产体系中，许多国家把商品犊牛繁殖场与育肥场分开，后者甚至从远处购买犊牛和架子牛进行肥育，分期分批出栏（图 8-2）。

根据各地资源不同，有的从犊牛出生到肥育场育肥，均在同一个农场或牧场进行。有的实行架子牛异地肥育，在牧草资源丰富的山区和草原，饲养专门的肉用母牛或当地黄牛，有计划地用肉牛品种杂交，

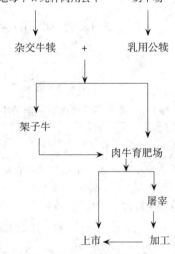

图 8-2　肉牛生产体系示意图

集中在春季产犊，犊牛到秋天断奶后或经过冬季到第二年春天，再转到产粮区，利用农区丰富的精饲料集中育肥，这样可充分利用两地的饲料资源，降低生产成本。后一种方式在肉牛业发达的国家也很普遍，也称为专门化肉牛生产方式。如美国把西部地区繁殖的犊牛，断奶后转入农业发达的中部玉米产区，短期肥育后出售或屠宰。

架子牛的生产方式可依据各地利用饲料的种类和数

量、增重成本以及断奶犊牛体重和增重潜能进行选择。如果犊牛的体重大于 250 千克，具有中度到高度沉积的肌肉组织并且增重潜力较强，可以选择把它直接送入肥育场育肥；或者先经过几周的过渡期，再改为育肥日粮进行肥育饲养。如果犊牛的体重小于 250 千克而且增重潜力较低或中等，则选择让它先经过冬季生长，并且经第二年夏天放牧饲养后再进入肥育场育肥的生产模式（图 8-3）。

在美国，架子牛生产主要采用放牧生产方式。美国部分州饲养架子牛的几种备选方案见表 8-1。

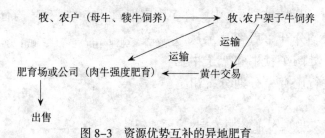

图 8-3　资源优势互补的异地肥育

表 8-1　美国不同地区周岁架子牛生产方案

地理区域或州	周岁架子牛生产方案
西北部：俄勒冈州和华盛顿州	放牧季节从 4 月中旬开始一直持续到 10 月初；犊牛来自本州或周围各州。犊牛转入体重 500～650 磅，转出体重为 750～900 磅。这些牛将被送到本州内或爱达荷州、科罗拉多州等育肥场
西部：爱达荷州	放牧季节从 4 月中旬到 9 月；转入体重 500～650 磅，转出体重通常为 500～700 磅，出栏体重为 750～950 磅。待育肥牛将被送到本地或周边州的育肥场
西南部：亚利桑那州	亚利桑那州有两个主要的放牧季节，一个从 4 月开始一直延续到 10 月；另一个从 1 月开始到 4 月 1 日结束。在夏季放牧过程中，架子牛通常不能获得较高的增重，一般架子牛的转入体重 500～650 磅，出栏体重为 600～800 磅。在沙漠地带进行的冬季放牧一般采用体重为 350～550 磅，出栏体重为 600～750 磅。这些体重较轻的牛来自亚利桑那州、得克萨斯州和墨西哥，它们主要被销往亚利桑那州、得克萨斯州和科罗拉多州等育肥场

（续）

地理区域或州	周岁架子牛生产方案
中西部：密苏里州	密苏里州犊牛的饲养方式颇为丰富，它的放牧季节众多，而且采用带犊母牛和架子牛结合饲养的生产方式。夏季放牧时间通常从4月下旬开始一直到9月，转入体重500~600磅，出栏体重为650~850磅。多数肥育牛被卖到密苏里州、得克萨斯州和伊利诺伊州
东南部：路易斯安那州	夏季架子牛的饲养计划受到高温高湿气候条件的限制。冬季放牧计划主要针对本地犊牛，放牧饲草主要由黑麦草、燕麦及北方的其他麦类共同组成。每年早春季节，体重650~850磅周岁架子牛将被卖到得克萨斯州狭地的育肥场
大平原地区：得克萨斯州	夏季放牧从3月中旬开始一直持续到8月中旬，架子牛的体重（450~550磅）较轻，在该州西部的天然草原上，这些牛可以放牧采食天然牧草；而在该州东部和南部地区，则采用在天然草地和改良草的混合草场上放牧饲喂的形式。待育肥牛被卖到育肥场的体重为675~775磅。秋季放牧时间从10月中旬到次年3月中旬，牧草包括小麦、燕麦和一些黑麦草。育肥起始重和育肥结束重的预期值与夏季放牧计划相类似

注：1磅≈0.45千克。

英国主要采用带犊母牛饲养模式，把母牛作为繁育手段，所产犊牛供肥育用。犊牛又分秋产和冬春产两种方式。秋产犊牛肥育指秋产犊牛随母牛哺乳过冬，断奶后草地放牧饲养，第二年冬季以谷物加牧草的日粮强度肥育，饲养期共15~16个月。冬产犊牛肥育指冬产犊牛随母牛哺乳过冬，断奶后放牧饲养，秋后以青贮及干草为主的日粮饲养过冬，第二年夏季以谷物加牧草或放牧加补饲的方式催肥，饲养期共18~20个月（图8-4）。

越冬期的主要目标是维持犊牛在高粗料日粮水平下的较慢增重速度，实现犊牛健康进入来年的春夏放牧

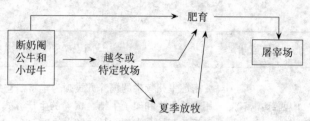

图 8-4 断奶阉牛和小母牛的几种备选生产方式

期。过渡期则强调快速增重，通常饲喂较多的谷物饲料而粗料使用偏少，力求使育肥牛能够适应随后的高精料育肥。

2. 架子牛的饲养管理

架子牛的营养需要由维持和生长发育速度两方面决定。架子牛前期生长迅速，在此时期将逐渐达到生理最高生长速度；后期生长缓慢，其消化器官发育接近成熟，其消化能力与成年牛相似，饲养粗放些，能促进消化器官的机能。

架子牛营养贫乏时间不宜过长，否则肌肉生长受阻，影响胴体质量，严重时丧失补偿生长的机会，成为僵牛，不利于后期育肥。当架子牛饲喂到体重 250 ~ 300 千克时，可进行肥育，架子阶段拉得越长，用于维持营养需要越大，经济效益越低。

▶ 架子牛的饲养[①]

架子牛利用青粗饲料的能力较强，日粮应以粗饲料为主，若粗饲料过少，消化器官发育不良。选用架子牛所需的精饲料时，要注意蛋白质的浓度，如蛋白质含量不足、能量较高时，增重主要为脂肪，会大大降低牛的生产性能。

架子牛的饲养可根据各地条件采取放牧或舍饲方式进行，放牧方式成本最低。

①架子牛饲养阶段可划分为前期和后期，前期是指断奶到周岁，后期是周岁到育肥前。

◆ 放牧饲养

在有放牧条件的情况下，架子牛应以放牧为主。放牧能合理利用草地、草场，防止水土流失；使牛获得充分运动，从而增强其体质；节省青粗饲料的开支，降低饲料成本，减少舍饲时劳力和设备的开支。

我国北方有广阔的天然草地，青草期为 5~6 个月。南方有丰富的山地草场，可以充分利用这些饲草资源培育架子牛。人工牧草或天然牧草养分随季节发生变化，春季牧草幼嫩，含蛋白质高，适口性好，幼牛日增重高；夏季牧草粗纤维含量高，粗蛋白含量下降，但无氮浸出物和干物质较高，架子牛能保持较高日增重；秋季牧草开始枯萎，牧草质地变硬，适口性变差，蛋白质含量下降，不能满足牛生长所需（图 8-5 至图 8-7）。放牧饲养应根据牧草地的状况及不同的季节补饲一定量的配合料，营养上满足牛生长发育所需蛋白质、无机盐和维生素 A，

图 8-5　牛前往春季草场

图 8-6　夏季草场放牧

图 8-7　夏末草场放牧

注意蛋白质的品质和钙、磷的比例。精料参考配方：玉米 67%、高粱 10%、棉仁饼 2%、菜籽饼 8%、糠麸 10%、食盐 2%、石粉 1%。

冷季放牧的任务是减少牛只体重的下降，保膘，保安全越冬。冷季放牧时要特别注意棚圈建设，棚圈或牛舍要向阳、保暖、小气候环境好。牛只进棚圈前，要进行清扫、消毒，搞好防疫卫生。要晚出牧、早归牧，充分利用中午暖和时间放牧，午后饮水。做到"晴天无云放平滩、天冷风大放山湾"，放牧应顺风行进（图 8-8、图 8-9）。

图 8-8　在山脚下放牧

图 8-9　放牧管理

在牧草不均匀或质量差的牧场上放牧时要"散牧"，让牛相对分散，自由采食。要种植供冷季补饲的草料，及早进行补饲。补饲的原则是：膘情差的牛多补、冷天多补、暴风雪全天补饲。从牧草枯黄的冬季牧场向牧草萌发较早的春季牧场转移时，先在夹青带黄的牧场上放牧，逐渐增加采食青草的时间，要有约 2 周的适应期，以防贪食青草或"抢青"，误食萌发较早的有毒有害植物，引发腹泻、中毒甚至死亡。返青牧草不能过早放牧，待草平均长到 10 厘米以上时才能放牧，否则影响牧草产量（图 8-10）。在早春放牧时，牛不能采食过多细嫩的青草，否则容易发生缺镁痉挛症①（图 8-11）。

对于草原牧场来说，春季牧草多处于返青期，放牧强度不宜过大（达正常放牧强度的 40%～50%），可使牧

①又称青草搐搦、低血镁症，是牛常见的矿物质代谢障碍性疾病。牛长时间放牧或长期饲喂含镁量很低、含氮肥和钾肥多的青草，就会造成血镁过低而发病。

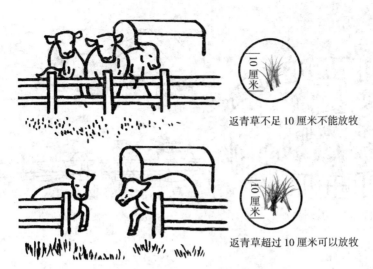

返青草不足 10 厘米不能放牧

返青草超过 10 厘米可以放牧

图 8-10　春天适宜开牧时机

图 8-11　放牧时补充镁盐防止缺镁痉挛症

草增产 1.5~2 倍。

　　为了合理利用并保护草场，应实行分区轮牧（图 8-12）。牧地可分为若干个区，每个小区放牧时间以牛能吃饱而不踩踏草地为原则，一般为 5~6 天，小区可分为 5~6 个，轮牧周期可为 25~30 天或 30~40 天。轮牧次数一般为 2~4 次，水源足的好草场为 4~5 次。草地必须控制好，严禁过牧，造成草场退化。

　　放牧饲养时，如果公牛未去势，要严格把公牛分出单放，以避免偷配而影响牛群质量（图 8-13）。

图 8-12　分区轮牧

图 8-13　公牛和母牛分群饲养

A.放牧时要分群　B.回舍时也应分群

　　对周岁内的小牛宜近牧或放牧于较好的草地上（图8-14）。放牧青草能吃饱时，非良种黄牛每天平均增重可达 400 克，良种牛及改良牛可达到 500 克，通常不必回圈补饲。青草返青后开始放牧，但在嫩草含水分过多，能量及镁缺乏，以及初冬以后牧草枯萎营养缺乏等情况下，必须每天在圈内补饲干草或精料。精料参考配方：玉米 52%、糠麸 10%、油饼 25%、高粱 10%、石粉 2%、食盐1%。

图 8-14　周岁犊牛在吃草

补饲时机最好在牛回圈休息后，夜间进行。夜间补饲不会降低白天放牧采食量，也免除了回圈立即补饲而使牛群回圈路上奔跑带来的损失（图8-15）。为了避免减重，维持低增重，每头架子牛每天应补1千克左右配合料，冬末春初每天喂给1千克胡萝卜或青干草，或者0.5千克苜蓿干草，或每千克料配入1万单位维生素A。

图8-15　放牧回圈后夜间补饲

每天应让牛饮水2～3次。水饮足，才能吃够草，因此，饮水地点距放牧地点要近些，最好不要超过5千米。水质要符合卫生标准，每天保证充足饮水。吃青草饮水少，吃干草、枯草饮水多；夏天饮水多，冬天饮水少。若牧地没有泉水、溪水等，也可利用径流砌坑塘积蓄雨水备用（图8-16）。

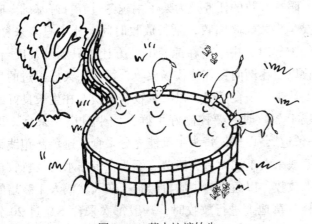

图8-16　蓄水坑塘饮牛

临时牛圈要选在高燥、易排水、坡度小（2%～5%）、夏天有阴凉、春秋则背风向阳的暖和之地。不得选在悬崖边、悬崖下、雷击区、径流处、低洼处及坡度过大等处（图8-17）。

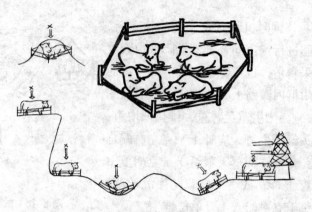

图 8-17　不适宜建设临时牛圈

　　放牧牛群组成数量可因地制宜，水草丰盛的草原地区可 100～200 头一群，农区、山区可 50 头左右一群。群大可节省劳动力，提高生产效率，增加经济效益；群小管理精细，在产草量低的情况下，仍能维持适合于牛特点的牧食行走速度，牛生长发育较一致。

　　暖季放牧的任务是为架子牛越冬过春打好基础。暖季要早出牧、晚归牧，延长放牧时间，让牛只多采食。天气炎热时，中午应在凉爽的地方让牛只躺卧及反刍。出牧以后逐渐向良好的牧场放牧，可在头天放牧过的草场上让牛再采食一遍，以减少牧草浪费。在生长良好的草场上放牧时，要控制好牛群，使牛只横队采食，即"一条边"，以保证每头牛都能充分采食，避免乱跑践踏牧草或采食不均而造成浪费。不要在带露水的豆科牧草地上放牧，以免引起牛瘤胃臌胀。在天然或人工栽培的豆科牧草地上进行放牧时，一般每次采食不超过 20 分钟，全天不超过 1 小时，及时将牛转移到其他草场。当宿营圈地距牧场 2 千米以上时就应搬圈，以减少每天出牧、归牧走路的时间及牛只体力的消耗。禁止抢放好草而整日让牛奔走。

　　放牧饲养牛只时，应注意补充镁盐和食盐，可在圈地、牧场设矿物盐补食槽，也可制作尿素食盐砖。

◆ 舍饲

舍饲是在没有放牧场地或不放牧的季节进行的饲养方式。舍饲牛可采用小围栏的管理方式，也可采用大群散放饲养，平均每头牛占用的场地最好能达到 7 ~ 10 米^2，或更大一些的活动空间，可使牛充分运动，有利于健康发育。散放饲养能让牛自由采食粗饲料，利用其竞争性增加采食量，促使消化道机能进一步完善（图8-18）。

图 8-18　散放饲养

舍饲牛根据不同年龄阶段分群饲养，断奶至周岁的架子牛胃相当发达，只要给予良好的饲养，即可获得最高的日增重。此时宜采用较好的粗料与精料搭配饲喂。粗料可占日粮总量的 50% ~ 60%，混合精料占 40% ~ 50%。随着年龄的增加，精料的比例逐渐下降，粗料的量逐渐增加。周岁时粗料逐渐增加到 70% ~ 80%，精料降至20% ~ 30%。粗料以青草、青贮料、青干草等为主。若喂秸秆，则必须经加工处理后再喂。块茎及瓜果类饲料需切碎以利于采食。精料补充料参考配方：玉米 46%、大麦 5%、高粱 5%、麸皮 31%、叶粉 3%、酵母粉 4%、磷酸氢钙 3%、食盐 2%、微量元素添加剂 1%。日喂量：青干草 0.5 ~ 2 千克，玉米青贮 11 千克。精料的喂给量随粗料的品质而异，根据肉牛的体重和日增重，大致为每天 1.5 ~ 3.0 千克。

架子牛体组织的发育是以骨骼发育为主的，日粮中的钙磷含量及比例必须合适，以避免形成小架子牛，降低其经济价值。体重 225 千克以下的架子牛，饲粮的钙含量为 0.3% ~ 0.5%，磷含量为 0.2% ~ 0.4%；体重 225 千克以上的架子牛，饲粮的钙含量为 0.25%，磷含量为 0.15%。秋季断奶犊牛的维生素 A 贮存量很少，断奶后应给每头牛饲喂或肌内注射 50 万 ~ 100 万国际单位维生素 A。

架子牛的管理

◆ 分群

一般按性别、年龄、体型、性情等分群、分圈饲养，避免野交乱配、以强凌弱，引起不必要的麻烦；同时也可适应不同生长发育速度的牛对不同营养需要的要求。

◆ 驱虫

架子牛饲养阶段在比较寒冷的季节，周围环境中的寄生虫等会聚集于牛体过冬，干扰牛群，并使牛体消瘦、致病，导致牛皮等产品质量下降，因此，应在春秋两季各进行一次体内、体外驱虫。

◆ 饮水

由于架子牛日粮以粗饲料为主，需要大量的水，因此，应供给洁净、充足的饮水。自由饮水时，控制水温不结冰即可。

◆ 称重

每月或隔月称重，检查牛体生长发育情况，为日粮配制提供依据，避免形成僵牛。定期测定幼牛生长发育情况，若生长发育差，每天补充精料 1 ~ 2 千克，或夜间补饲青粗料，以保证其正常增重。

◆ 运动

架子牛有活泼好动的特点，应注意控制运动量不宜过大，因其主要用于肥育。

3. 架子牛的分级

架子牛品质是影响商品肉牛肥育性能的重要因素之一。为了准确地判断架子牛的特性，USDA（美国农业部）修订了架子牛等级标准，这不仅便于买卖双方市场议价，而且便于架子牛的分群。新的标准把架子牛大小和肌肉厚度作为评定等级的两个决定因素。图8-19展示了不同体型大小的架子牛肥育不同屠宰体重时胴体组成的差异。

美国架子牛共分为3种架子10个等级，即大架子1

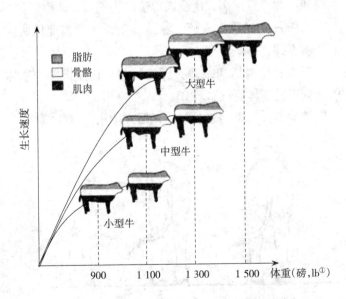

图8-19　肉牛躯体大小、体重和胴体组成间的相互关系

（资料来源：Colorado State University）

①1 磅（lb）= 0.453 6 千克。

级、大架子2级、大架子3级；中架子1级、中架子2级、中架子3级；小架子1级、小架子2级、小架子3级和等外级。

体格大小分级见图8-20。

大架子　　　　　　中架子　　　　　　小架子

图8-20　架子牛体格大小的分级

大架子：要求有较大的架子，体格又高又长，身体健壮。

中架子：要求有稍大的架子，体格稍高稍长，身体良好。

小架子：骨架较小，体格又低又矮，身体一般。

肌肉厚度的分级要求见图8-21。

一级：全身肌肉较厚，有一定的膘情，脊、背、腰、大腿和前腿厚且丰满，优质肉部位的比例高，体躯较宽。

二级：全身肌肉较薄，膘情较差，优质肉部位所占的比例不高，体躯较窄。

三级：全身肌肉很薄，膘情很差，优质肉部位所占的比例很低，体躯很窄。

等外级：消瘦，皮包骨头，畸形，有病，体躯非常窄小。

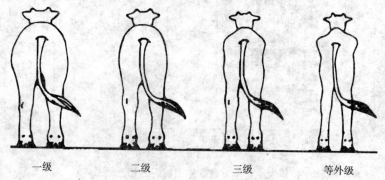

一级　　　　　二级　　　　　三级　　　　　等外级

图8-21　架子牛的肌肉厚度分级

九、肉牛育肥与高档牛肉生产

内容要素
- 肉牛育肥方式
- 肉牛育肥的一般饲养管理技术
- 肉牛育肥技术
- 高档牛肉生产

1. 肉牛育肥方式

▶ 按牛的年龄

可分为犊牛育肥、育成牛育肥和成年牛育肥。

▶ 按饲养方式

◆ 放牧育肥①

放牧育肥是指从犊牛到出栏牛，完全采用草地放牧而不补充任何饲料的育肥方式（图9-1）。适用于人口较少、土地充足、草地广阔、降水量充沛、牧草丰盛的牧区和半农半牧区。采用这种方式，肉牛一般自出生到饲养至18个月龄，体重达400千克便可出栏。该方式的优点是成本较低，缺点是育肥效果不稳定，日增重难以达到1千克。

◆ 半舍饲半放牧育肥

夏季、秋季犊牛随母放牧（图

①注意环节：合理分群；同群牛质量相近；实行轮牧制度；放牧前准备充足；保证饮水。

图9-1 放牧育肥

273

9-2)，寒冷干旱的枯草期舍内圈养（图 9-3），这种半集约的肥育方式称为半舍饲半放牧育肥。适用于夏季牧草丰盛的热带地区，对于牧草不如热带丰盛的地区，夏季可白天放牧、晚间舍饲，并补充一定精料，冬季则全天舍饲。采用该方式，肉牛增重比放牧育肥快，成本比舍饲育肥低。因此，只要有一定条件，建议采用该方式育肥肉牛。

图 9-2 犊牛于夏、秋季出生并随母哺乳、放牧

图 9-3 冬季舍饲

◆ 舍饲育肥

肉牛从出生到屠宰全部实行圈养的育肥方式称为舍饲育肥，可分为拴饲和群饲[①]（图 9-4、图 9-5）。适用于人口多，土地少，饲料资源丰富，经济较发达的地区。采用这种方法，应首先制订生产计划，然后按阶段进行饲养。通常将整个育肥期分成 2~3 个阶段，分别采取相应的饲养管理措施，要求育肥牛的平均日增重在 1 千克以上。采用该方式，虽然成本投入相对较高，但肉牛的增重较快，可按照市场的需要实行规模化、集约化、工厂化生产；同时，房舍、设备和劳动力利用合理，劳动

①给料量一定时，拴饲效果较好。当饲料充分，自由采食时，群饲效果较好。

图 9-4 拴系舍饲

图 9-5　群养舍饲

生产效率较高，能降低一定成本。

2. 肉牛育肥的一般饲养管理技术

▶ 一般饲养技术

◆ 饲料合理搭配、混合均匀

将日粮中的精料、粗料、糟渣料、青贮料、青干草等各种饲料按比例混合，并进行充分的搅拌，形成半干半湿状态（含水量在 40%~50%）。在南方，要防止混合料发酵产热，每次拌料量以能满足牛 4~6 小时的采食量为限。这样的饲料，牛不会挑食，而且先上槽牛和后上槽牛采食到的各种饲料的比例基本一致，可提高育肥牛生长发育的整齐度。

◆ 少给勤添

将按比例配好的饲粮堆放在食槽边，喂牛时每次少添，每天多添几次，使牛总有不饱之感，争食而不厌食或挑剔。少给勤添时要注意牛的采食习惯，一般的规律是早晨采食量大，夜间也采食，因此，早上第一次添料要多一些，晚上临休息前最后一次添料也要多一些。

◆ 逐步更换饲料

饲料更换要逐渐进行，不可骤然变更，应有 3~5 天的过渡期。在饲料更换期间，饲养管理人员要勤观察，发现异常，应及时采取措施。

◆ 保证适当的饲喂次数

育肥牛饲喂次数通常是日喂 2 次或 3 次。但是，如果自由采食能满足牛生长发育的营养需要，应尽量采用。不过，采用自由采食还是限制饲养要看投入产出比。

◆ 给足饮水

水常被忽视而影响育肥牛的生长发育。采用自由饮水法最为适宜。不能自由饮水时，日饮水次数不能少于 3 次。

一般管理技术

◆ 合理分群

按牛的年龄、品种、体重等多种因素，将育肥牛分成若干小群。分群在临近夜晚时较为容易。

◆ 驱虫健胃

每年春、秋两季和育肥前要驱除牛体内和体表寄生虫，并严格清扫和消毒圈舍。驱虫后最好用中草药健胃。

◆ 减少运动

要尽量减少育肥牛的运动。舍饲育肥时，每次喂完后，每头牛单木桩拴系或圈于休息栏内，缰绳的长度以牛能卧下为宜。放牧育肥时，要注意肉牛的放牧距离，减少运动量。

◆ 去势

公牛 2 岁前育肥不去势，2 岁以上时宜去势育肥。

◆ 刷拭

在饲喂后进行刷拭，从头到尾，先背腰，后股部和四肢，反复刷拭。刷拭必须坚持每日 1 ~ 2 次。

◆ 防暑、保暖

在南方，夏季要防暑，可采用改变局部环境和饲喂抗热应激的饲料添加剂等方法。前者包括搞好牛舍周围绿化、牛舍内喷雾和抽风等。后者包括在饲料中添加铬制剂、中草药、小苏打、维生素 C 等。在北方，冬季可采用塑料暖棚进行育肥。

◆ 记录

应记录肥育牛的始重、末重、每月体重、饲料消耗，以便及时总结、分析育肥效果与经济效益，淘汰育肥效果不明显的个体。

◆ 季节性育肥

在四季分明的地区，肉牛育肥以秋季最好，春季次之，冬季一般，夏季最差。为避免在夏季育肥肉牛，可调整配种、产犊季节，进行秋季季节性育肥。

◆ 搞好卫生，严防疾病

在育肥期间，应注意牛舍、牛体、饲草、饲料和饮水的卫生，要做到草料净、饲槽净、饮水净、牛体净、圈舍净。要勤观察，看采食、饮水、粪尿、反刍、精神状态是否正常。若异常，要及时处理。

3. 肉牛育肥技术

▶ 犊牛育肥

◆ 犊牛的选择

应选择早期生长发育速度快的肉牛品种，如利木赞牛、黑安格斯牛、红安格斯牛、德国黄牛和海福特牛等。在我国，适宜选择杂交犊牛和荷斯坦奶公犊[1]（图9-6）。

◆ 小白牛肉的生产

小白牛肉系犊牛哺乳至 3 月龄时屠宰，体重达 100 千克左右，完全用全乳、脱脂乳或代乳料培育所生产的牛肉。这种牛肉鲜嫩多汁，蛋白质含量高而脂肪含量低，带有乳香味，肉色全白或稍带浅粉色，是一种自然的高档牛肉。以荷斯坦奶公犊生产小白牛肉的生产方案见表9-1。

[1] 一般选择初生重不低于 35 千克、无缺损、健康的初生公犊，体型外貌上要求头方大、前管围粗壮、蹄大。

图 9-6　奶公犊育肥

表 9-1　荷斯坦奶公犊生产小白牛肉生产方案

周龄	体重 （千克）	日增重 （千克）	日喂乳量 （千克）	日喂次数
0～4	40～59	0.6～0.8	5～7	3～4
5～7	60～79	0.9～1.0	7～8	3
8～10	80～100	0.9～1.1	10	3
11～13	101～132	1.0～1.2	12	3
14～16	133～157	1.1～1.3	14	3

生产小白牛肉的代乳料参考配方见表 9-2。

表 9-2　生产小白牛肉的代乳料配方（％）

配　方	Ⅰ	Ⅱ
熟豆粕	35	37
熟玉米	12	17.3
乳清粉	10	15
糖蜜	10	8
酵母蛋白粉	10	10
乳化脂肪	20	10
食盐	0.5	0.5
磷酸氢钙	2	2
赖氨酸	0.2	0
蛋氨酸	0.1	0
鲜奶香精或香兰素	0.02	0.02

◆ 小牛肉的生产

小牛肉的生产方案见表 9-3。

表9-3　小牛肉生产方案

周龄	始重 （千克）	日增重 （千克）	日喂乳量 （千克）	配合料喂量 （千克）	青干草 （千克）
0～4	50	0.95	8.5	自由采食	
5～7	76	1.20	10.5	自由采食	自由采食
8～10	102	1.30	13	自由采食	自由采食
11～13	129	1.30	14	自由采食	自由采食
14～16	156	1.30	10	1.5	自由采食
17～21	183	1.35	8	2.0	自由采食
22～27	232	1.35	8	2.5	自由采食

注：0～4周龄可饲喂代乳料，参考配方为：脱脂乳60%～70%、猪油15%～20%、乳清粉15%～20%、玉米粉1%～10%、矿物质和维生素2%。

犊牛出生后6个月或8个月，以牛乳为主，搭配少量混合精料育肥至250～350千克时屠宰的牛肉，称为小牛肉，有小胴体和大胴体之分。生产小胴体的犊牛应在180日龄时结束育肥，宰前活重应达250～300千克；生产大胴体的犊牛应到240日龄结束育肥，宰前活重应达300～350千克。

◆ 关键技术

犊牛育肥的关键技术是控制牛只摄入铁的含量，强迫牛在缺铁条件下生产以使肉色偏淡，呈白色或稍带浅粉色。因此，代乳料或人工乳必须选用含铁低的原料。同时，应减少谷实用量，所用谷实最好经膨化处理。对于油脂，应经过乳化，以乳化肉牛脂肪效果最佳。饲喂全乳，也要加喂油脂。代乳料最好煮成粥状（含水80%～85%），晾至40℃饲喂。出现消化不良时，可饲喂淀粉酶等治疗，同时适当减少喂量。

在管理上，要严格控制饲料和水中铁的含量；控制牛与泥土、草料的接触，牛栏地板尽量采用漏粪地板，若是水泥地面应加垫料，垫料要用锯末，不要用秸秆、稻草，以防采食；饮水充足，定时定量；有条件的，犊牛应单独饲养，如果几个犊牛圈养，应带笼嘴，以防相互吸吮；舍温要保持在 14～20℃，通风良好；犊要吃足初乳，最初几天还要在每千克代乳品中添加 40 毫克抗生素（图 9-7）和维生素 A、维生素 D、维生素 E；隔 2～3 周检查体温和采食量，以防发病。

图 9-7　补喂抗生素

育成牛育肥

根据育肥强度不同，育成牛育肥分为幼龄牛强度育肥和架子牛育肥。

◆ 幼龄强度育肥法

幼龄强度育肥是指犊牛断奶后立即育肥的一种方法。育肥期采用高营养水平，使其日增重保持在 1.2 千克以上，周岁左右结束肥育，膘情上等，体重达 400 千克以上。采用这种方法，肉牛宜拴系饲养，定量喂给精料、辅助饲料，粗料不限量；自由饮水，夏天饮凉水，冬天饮不低于 20℃ 的温水；尽量限制其活动，保持环境安静。公牛不必去势，但要远离母牛圈。若育肥育成母牛，则日料量较阉牛增加 10%～15%。若育肥乳用品种育成公牛，则所需精料量较肉用品种高 15% 以上。具体育肥方案可参考表 9-4。采用这种方法生产的牛肉，质鲜嫩，仅次于"白肉"，而成本较犊牛育肥法低。

表 9-4　肉牛及其育成公牛强度育肥方案（千克）

日　　龄			181～210	211～240	241～270	271～300	301～330	331～370	合计
计划日增重			1.25～1.30						245
体　　重			175～212	212～250	250～289	289～328	328～367	367～420	420
粗料为青草，不限量	例1	日料量	1.5 (1)	1.9 (1)	2.3 (1)	2.7 (1)	3.1 (1)	3.5 (1)	485
	例2	日料量	1.1 (1)	1.5 (1)	1.9 (1)	2.2 (1)	2.6 (1)	3.0 (1)	399
		日糟渣量	3.0	3.3	3.6	3.8	4.2	4.6	721
	例3	日料量	0.7 (1)	1.1 (1)	1.4 (1)	1.8 (1)	2.2 (1)	2.6 (1)	320
		日糟渣量	6.0	6.5	7.1	7.7	8.4	9.1	1 435
粗料为玉米秸、玉米青贮、谷草等，不限量	例1	日料量	2.7 (3)	3.1 (3)	3.5 (3)	4.0 (2)	4.4 (2)	4.9 (2)	727
	例2	日料量	1.8 (3)	2.2 (3)	2.6 (2)	2.9 (2)	3.2 (2)	3.8 (1)	533
		日糟渣量	6.0	6.5	7.1	7.7	8.4	9.1	1 435
粗料为氨化麦秸、氨化稻草、野干草等，不限量	例1	日料量	2.0 (1)	3.4 (2)	3.8 (2)	4.2 (1)	4.7 (1)	5.2 (1)	751
	例2	日料量	2.1 (1)	2.5 (2)	2.9 (1)	3.2 (1)	3.6 (1)	4.1 (1)	593
		日糟渣量	6.0	6.5	7.1	7.7	8.4	9.1	1 435

注：糟渣包括粉渣、酒糟（稻壳低于50％）类，本表按干物质含量20％计；精料量后面括号内数字为精料配方号，配方参看表9-5。

但是，该法精料消耗量较大，只宜于在饲草饲料资源丰富的地方应用。

根据肉用品种阉牛生长育肥的营养需要，结合粗饲料资源，配制几种精饲料（表9-5）。

表 9-5　牛肥育期精饲料配方范例（％）

编号	玉米	高粱	大麦	糠麸类	棉籽饼	胡麻饼	菜籽饼	食盐	石粉	小苏打	微量元素	维生素 A（国际单位/千克）
1	62.5	10	0	15	5		5	0.5	1	1	适量	0～5 000
2	52.5	10	0	15	10	2	8	0.5	1	1	适量	0～5 000
3	42.5	10	0	15	10	12	8	0.5	1	1	适量	0～5 000
4	32.5	10	0	15	15	17	8	0.5	1	1	适量	0～5 000
5	27.5	10	0	10	20	22		0.5	1	1	适量	0～5 000
6	16.5	15	35	10	0	15	5	0.5	1	2	适量	0～5 000

注：青草、青贮、青干草为主日粮不必加维生素 A；精料少于日粮50％（按干物质计）不必加小苏打。配方6所用玉米应为白玉米。

◆ 架子牛育肥

架子牛育肥又称后期集中育肥，是在犊牛断奶后，按一般饲养条件进行饲养，达到一定年龄和体况后，充分利用牛的补偿生长能力，采用在屠宰前集中 3～6 个月进行强度育肥。

山区、牧区和农区均可充分挖掘草料资源开展架子牛就地育肥。但从草料的自然分布来看，山区、牧区有放牧之利，可生产成本低廉的架子牛；农区有丰富的农副产品，粮食也较充裕，具有育肥牛的条件。因此，山区、牧区和农区结合发展架子牛"异地育肥"生产体系，能有效促进我国肉牛生产。

【架子牛运输】架子牛在运输过程中（图9-8）和到达肥育场新环境后都会产生应激现象，为减少牛应激的损伤，可采取以下措施：

图 9-8　架子牛运输

（1）限饲限水　装运前 8～10 小时内不喂草料，装载前 4 小时停止饮水，不喂青绿多汁饲料。

（2）口服或注射维生素 A　运输前 2～3 天开始，每头牛每日口服或注射维生素 A 25 万～100 万国际单位。

（3）灌服酒精　装运前，按每千克体重灌服 1 毫升酒精。

（4）合理装载　有装牛台，牵引牛只上车，严禁鞭

打牛；上车后牛拴系牢固，合理装载，装载密度参考表
9-6。

表 9-6　架子牛装载密度

头均活重（千克）	车厢长度	
	3 米	4 米
250	7～8 头	10～14 头
350	6～8 头	9～11 头
450	5～6 头	7～9 头
550	4～5 头	6～7 头

（5）善待牛只　牛只在装车前应休息调整一段时间，
运输避开恶劣天气，并留足装车时间，切忌任何粗暴行
为。运输开始 30 分钟内应观察一次情况，整个运输途中
至少每 3 个小时观察 1 次。到达目的地后，应通过卸牛
台让牛安静走下车厢。

【新购架子牛的饲养管理】新购架子牛应在干净、干
燥的地方休息，首先提供清洁饮水。首次饮水量限制为
15～20 升，并每头牛补人工盐 100 克；3～4 小时后第二
次饮水，水中可掺麸皮；随后可自由饮水。

对新购架子牛，最好的粗饲料是长干草，其次是玉
米青贮和高粱青贮，不可饲喂优质苜蓿干草或苜蓿青贮。
用青贮料时最好添加缓冲剂（碳酸氢钠）。每头每天可喂
2 千克左右的精饲料，加喂 350 毫克抗生素和 350 毫克磺
胺类药物。用 2 份磷酸氢钙加 1 份食盐让牛自由采食，
并补充 5 000 国际单位维生素 A、1 000 国际单位维生素 E。
暂时不要喂尿素。

架子牛入栏后进行驱虫。驱虫应在空腹时进行。驱
虫后架子牛应隔离饲养 15 天，其粪便消毒后进行无害化
处理。

【架子牛的育肥】当架子牛应激时期结束后，应进入
快速育肥阶段，具体育肥方案见表 9-7。

表 9-7　购进架子牛（阉公牛）育肥方案（千克）

时　期		适应期				肥育期					合计
天数		1~5	6~7	8~9	10	11~40	41~70	71~100	101~130	131~160	160
计划日增重		1									160
体重		300~302				302~330	330~360	360~390	390~420	420~450	450
青草不限量，日料量		0	0.5	1.0	1.5(1)	1.7(1)	1.9(1)	2.0(1)	2.2(1)	2.4(1)	310.5
玉米秸、玉米青贮、谷草不限量	例1 日料量	0	1.0	2.0	3.0(3)	3.1(3)	3.3(3)	3.6(3)	3.8(2)	4.0(2)	543
氨化麦秸、氨化稻草、野干草不限量	例1 日料量	0	1.0	2.0	3.0(2)	3.6(2)	3.8(1)	4.0(1)	4.2(1)	4.4(1)	609
	例2 日料量	0	0.5	1.5	2.0(1)	2.5(1)	2.6(1)	2.8(1)	3.0(1)	3.2(1)	429
	日糟渣量	0	2.0	5.0	7.0	7.2	7.7	8.1	8.6	9.0	1 239
计划日增重						1.0	1.25	1.25			105 (100天)
体重		350~352				352~380	380~420	420~455			455
青草不限量，日料量		0	0.5	1.0	1.5	1.8	3.6	3.9			283.5
玉米秸、玉米青贮、谷草不限量	例1 日料量	0	1.0	2.0	3.0(3)	3.6(3)	5.0(2)	5.4(2)			429
氨化麦秸、氨化稻草、野干草不限量	例1 日料量	0	1.0	2.0	3.0(1)	3.9(1)	5.4(1)	5.8(1)			462
	例2 日料量	0	0.5	1.8	2.4(1)	2.8(1)	4.1(1)	4.5(1)			349
	日糟渣量	0	2.0	5.0	7.0	8.2	9.2	9.8			837

注：糟渣包括粉渣、酒糟（稻壳低于50%）类，本表按干物质含量20%计；精料量后面括号内数字为精料配方号，配方见表9-5。

▶ 成年牛育肥

用于肥育的成年牛大多是役牛、乳牛和肉用母牛群中的淘汰牛，一般年龄较大，产肉率低，肉质差，经过短期催肥，可提高屠宰率及净肉率，改善肉的味道，经济价值大为提高。

育肥前对牛要进行健康检查，病牛应治愈后育肥；无法治愈、过老、采食困难的牛不进行育肥；公牛在育肥前10天去势。育肥期以90～120天为宜，应根据膘情灵活掌握育肥期长短。膘情差的瘦牛，先用低营养日粮，过一段时间后调整到高营养水平再育肥，按增膘程度调整日粮。实际生产中，在恢复膘情期间（即育肥第1个月）往往增重很快。有草坡的地方，可先行放牧育肥1～2个月，再舍饲育肥1个月。具体育肥方案见表9-8。

表9-8　成年牛育肥方案

时间（天）	体重（千克）	日增重（千克）	精料（千克/天）	糟渣（千克/天）	玉米青贮（千克/天）	胡萝卜（千克/天）	干草
0～30	600～618	0.6	2.0～2.5	6.0	9.0	2.0	
31～60	618～648	1.0	5.7～6.0	9.0	6.0	2.0	不限量
61～90	648～685	1.2	8.0～9.0	12.0	3.0	2.0	

4. 高档牛肉生产

高档牛肉是特别优质、肌肉纤维细嫩和脂肪含量较高的牛肉，所做食品既不油腻，也不干燥，鲜嫩可口。牛肉品质档次的划分主要依据牛肉本身的品质和消费者的主观需求。

▶ 高档牛肉标准

◆ 年龄与体重要求

牛年龄在30月龄以内，屠宰活重为500千克以上，达满膘。

【满膘】体形呈长方形，腹部下垂，背平宽，皮下有较厚的脂肪（图9-9）。

图9-9 达满膘的肉牛

◆ 胴体及肉质要求

胴体表面脂肪的覆盖率达80%以上，背部脂肪厚度为8～10毫米，甚至更厚，第12、13肋骨脂肪厚为10～13毫米，脂肪洁白、坚挺；胴体外形无缺损；肉质柔嫩多汁，剪切值在3.62千克以下的出现次数应在65%以上；大理石纹明显；每条牛柳2千克以上，每条西冷5千克以上；符合西餐要求，用户满意（图9-10至图9-14）。

图9-10 烤牛排

图9-11 冷鲜牛肉（美国）

 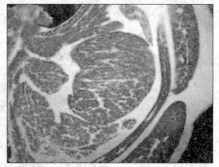

图 9–12　冷鲜牛肉（日本）　　　　图 9–13　优质牛肉（日本和牛）

图 9–14　雪花牛肉

▶ 高档牛肉生产技术

　　生产高档牛肉时可分三个阶段：以增加体重为目标的培育期（7～12 月龄）、以体重和脂肪沉积同时增加为目标的快速生长期（13～22 月龄）和以脂肪沉积为目标的肉质改善期（23～28 月龄）。应根据这三个时期的不同目标任务而设计营养水平不同的日粮配方。

　　培育期：为了保证骨骼和瘤胃的生长发育，通常采用较高蛋白质含量的全混合日粮，粗蛋白质含量一般为 13%～15%，精料补充料饲喂量占体重的 1%～1.2%。粗饲料自由采食，粗饲料种类以优质青绿饲料、青贮饲料和青干草为宜，自由饮水。

快速生长期：为了促进肌肉生长发育，蛋白质水平的比例要高一些，能量水平低一些（青、黄贮饲料，粗饲料比例高），切忌在"快速增长期"中使用高能量日粮水平、追求高增重。该阶段日粮中粗蛋白质含量为14%～16%（干物质为基础），消化能含量为13.8～14.6兆焦/千克，精料补充料饲喂量占体重的1.2%～1.4%。粗饲料宜以黄中略带绿色的秸秆（麦秸、玉米秸、稻草、采种后的干牧草等）为主，粗饲料自由采食。

肉质改善期：为了促进脂肪的沉积和保证肉与脂肪的颜色，日粮中的蛋白质水平可低一些（11%以下），能量水平高一些（精饲料比例高），切忌使用高蛋白质、低能量的日粮。该阶段日粮中粗蛋白质含量为11%～13%，精料补充料饲喂量占体重的1.3%～1.6%，粗饲料自由采食。在肉质改善期精饲料原料中应含25%以上的麦类、8%以上的大豆粕或炒制大豆，棉粕（饼）不超过3%，不使用菜籽饼（粕）。最后2个月不饲喂含各种能加重脂肪组织颜色的草料，如大豆饼粕、黄玉米、南瓜、红胡萝卜和青草等；改喂使脂肪白而坚硬的饲料，如麦类、麸皮、马铃薯和淀粉渣等；粗料最好用含叶绿素、叶黄素较少的饲草，如玉米秸、谷草、稻草等。在日粮成分变动时，要注意做到逐渐过渡。

生产高档牛肉时要对饲料进行优化搭配，饲料应尽量多样化、全价化，正确使用各种饲料添加剂，最好使用全混合日粮。少喂勤添，食槽有料，无发霉变质，不喂隔日料。

对育肥牛的管理要精心，饮水要卫生、干净，自由饮水,冬季饮水温度应不低于20℃。圈舍要勤换垫草，勤清粪便，保持牛舍干燥、清洁、安静、卫生。夏季防暑、冬季防寒。

高档牛肉生产模式

高档牛肉生产应实行产加销一体化经营方式。

◆ 建立架子牛生产基地

生产高档牛肉，必须建立肉牛基地，以保证架子牛牛源供应。我国现有的地方良种及其与引进的国外肉用、兼用品种牛的杂交牛，经良好饲养，均可达到进口高档牛肉水平，都可作为高档牛肉的牛源。在生产高档牛肉时，肥育牛应在 3~4 月龄内去势。

根据我国生产力水平，现阶段架子牛饲养应以专业乡、专业村、专业户为主，采用半舍饲半放牧的饲养方式，夏季白天放牧，晚间舍饲，补饲少量精料，冬季全天舍饲，寒冷地区采用塑料暖棚或封闭式圈舍。舍饲阶段，饲料以秸秆、牧草为主，适当添加一定量的酒糟和少量的玉米粉、豆饼。

◆ 建立育肥牛场

生产高档牛肉应建立育肥牛场，当架子牛饲养到 12~20 月龄，体重达 300 千克左右时，集中到育肥场育肥。育肥前期，采取粗料日粮过渡饲养 1~2 周。然后，采用全价配合日粮并应用增重剂和添加剂，实行短缰拴系，自由采食，自由饮水。经 150 天一般饲养阶段后，每头牛在原有配合日粮中增喂大麦 1~2 千克，采用高能日粮，再强度育肥 120 天，即可出栏屠宰。

◆ 建立现代化肉牛屠宰场

高档牛肉生产有别于一般牛肉生产，屠宰企业无论是屠宰设备、胴体处理设备、胴体分割设备、冷藏设备、运输设备均需达到较高的要求。根据各地的生产实践，高档牛肉屠宰要注意以下几点：

（1）肉牛的屠宰年龄必须在 30 月龄以内，30 月龄以上的肉牛，一般生产不出高档牛肉。

（2）屠宰体重在 500 千克以上。其中，牛柳重量占屠宰活重的 0.84%~0.97%，西冷重量占 1.92%~2.12%，去骨眼肉重量占 5.3%~5.4%，这三块肉产值可达一头牛总产值的 50% 左右；臀肉、大米龙、小米龙、膝圆、腰肉的重量占屠宰活重的 8.0%~10.9%，这五块肉的产值占一头牛产值的 15%~17%。

（3）屠宰胴体要进行成熟处理。普通牛肉生产实行热胴体剔骨，而生产高档牛肉的胴体要求在温度 0~4℃条件下吊挂 7~9 天后才能剔骨。这一过程也称胴体排酸，对提高牛肉嫩度极为有效。

（4）胴体分割要按照用户要求进行。一般情况下，牛肉割分为高档牛肉、优质牛肉和普通牛肉三部分。高档牛肉包括牛柳、西冷和眼肉三块；优质牛肉包括臀肉、大米龙、小米龙、膝圆、腰肉、腱子肉等；普通牛肉包括前躯肉、脖领肉、牛腩等。

十、牛场疫病综合防控

- 牛场防疫设施布局和管理
- 牛场消毒
- 肉牛疫苗接种及效果评价
- 肉牛主要疫病的检疫

1. 牛场防疫设施布局和管理

牛场生活管理区

生活区管理是牛场进行经营管理及与社会联系的场所。通常位于辅助生产区、生产区及隔离区等前上方，规范牛场应在此区域的大门前设置车辆消毒池①（图10-1）、人员第一次消毒室（图10-2），并有门卫值班室。外来人员应进行第一次更衣消毒，车辆也应进行消毒。

①长×宽×深=4米×2.5米×0.3米。

图10-1　牛场大门

图10-2　人员第一次消毒室

职工生活区应在该区域内保持一定的独立性，一般距办公区有 100 米及以上的距离。

▶ 辅助生产区

辅助生产区是水、电、热、设备维修、物资仓库及饲料储存等主要设置区，一般与生活管理区无严格的界限要求。但是，仓库的卸料开口要求设在辅助生产区内，而取料口则需开在生产区内，杜绝外来车辆进入生产区，生产区内外来车辆也不能交叉使用。

▶ 生产区

生产区是牛只生活及养殖人员等进行生产操作的场所，是全场的中心地带，该区域应低于管理区，并在其下风口处。与其他区之间应用围墙或绿化带严格分开，并保持约 50 米的距离。生产区入口应设置第二次人员更衣消毒室（图 10-3、图 10-4）和车辆消毒设施或通道（图 10-5）。

图 10-3　人员更衣室

图 10-4　第二次人员消毒室

图 10-5　车辆消毒池和通道

为便于消毒和疾病控制，生产区内应分别设置犊牛生产区、架子牛生产区、育肥牛生产区，自繁自养牛场还应有母牛生产区。应加强养殖人员疫病防控意识教育，做到专区专人饲养。

隔离区

隔离区是对病牛进行隔离、诊治及各种处理的场所。应设置在全场地势最低、生产区的下风处，远离生产区200米以上。与生产区及四周应有自然或人工的隔离屏障，并设单独的道路和出入口。隔离区内应设置有兽医诊治室①、隔离饲养舍、尸体解剖室、病害尸体处理设备、诊疗废弃用品处置设施等。隔离区内还应单独设置粪污处理设施，与其他设施保持适当的卫生距离。隔离区与生产区用专门的卫生通道连接，有直通厂区外的大门和道路。隔离区是兽医工作的场所之一，区内通道、大门、污染区域要定期消毒，杜绝其他人员（尤其是养殖人员）随意进出。

其他设施

规模牛场，其四周应建设有较高的围墙或较深的防疫沟（沟内注入适当的水），以防止场外人员、动物的进入，切断外界的污染因素；场内各区域间也可设置较小的防疫沟、围墙或绿化林带进行隔离，各区域间的卫生防疫距离应在 100～200 米。防疫墙应定期清扫、消毒，绿化隔离林带需定期修剪、除草、杀虫，防疫沟内的水要有活水注入，保持流动，一般每年应对沟内杂物掏除，整修沟渠 2 次以上，注意适当消毒。

2. 牛场消毒

常用消毒设备

高压清洗机（图 10-6），可用于牛床、粪沟、墙壁

①兽医诊治室应含四柱栏保定架、六柱栏保定架各 1 个。

等污物清洗，其清洗效果好、效率高。喷雾火焰消毒器（图 10-7），既可用于火焰消毒，也可用于喷雾消毒，适用于墙角、墙缝、深坑等处的彻底消毒。高压蒸汽灭菌锅（图 10-8），主要用于兽医诊疗室注射、手术等器械的消毒。灭菌消毒紫外灯，可杀灭各种微生物（包括病毒和立克次体），多安置在人员消毒室，在不低于 1 瓦 / 米^{3}的配置下，可对进入养殖场人员进行有效消毒。喷雾器，背负式手动喷雾器（图 10-9）是牛场对场地、圈舍、其他养殖设施等进行消毒常使用的化学消毒设备，其价格便宜、结构简单、保养方便、喷洒效率较高；大型牛场为提高工作效率，还常选用高压机动喷雾消毒器（图 10-10）。消毒液机（图 10-11），是以食盐和水为原料通

图 10-6　高压清洗机

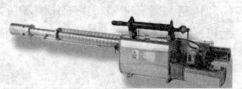

图 10-7　喷雾火焰消毒器

图 10-8　高压蒸汽灭菌锅

图 10-9　背负式手动喷雾器

图 10-10　高压机动喷雾消毒器　　图 10-11　消毒液机

过电化学方法产生次氯酸、二氧化氯等复合消毒剂的专业设备，对各种病原体均有杀灭作用，适用于牛场各类设施、人员的防护消毒及疫情污染时的大面积消毒。此外，还包括用于日常机械清扫、冲洗的铁扫帚、粪铲、粪车，养殖人员专用的牛舍工作服、胶靴、胶手套及专用洗衣机等。

▶ 牛场消毒程序

● 日常消毒

牛舍应每天清扫、冲洗（舍内粪沟）1 次，每 2 周用消毒药液喷洒 1 次牛舍四壁、地面、饲槽、水槽和运动场。带牛消毒，可选用 0.2% 的过氧乙酸或次氯酸、0.05% 的百毒杀等无毒无害药物喷洒牛只体表，实施体表消毒，一般每 2 周 1 次。生产工具使用完毕后应及时清洗，必要时可用消毒液浸泡 12 小时以上，再清洗使用。夏季，饮用水可加入 0.002% 百毒杀或漂白粉等进行消毒，对水槽、料槽等器具应每天清洗，并定期消毒。进入牛场的各类人员须走专用消毒通道，应先更换工作服和工作鞋，经过紫外消毒或喷雾消毒及脚踏消毒池后再进场。

所使用的消毒药应间隔 3 个月左右轮换使用，工作服（鞋）每周应清洗、紫外消毒或药液浸泡消毒 3 ~ 4 次。进出牛场的车辆须走专用消毒通道和消毒池，并对车辆及运输物品表面喷洒消毒药液消毒。消毒池内药液（2%的氢氧化钠）每周应更换 1 ~ 2 次。

●全进全出牛场消毒

牛出售后，先对牛舍进行彻底清扫、冲洗，再用消毒药进行喷洒消毒，然后用高锰酸钾 + 甲醛进行熏蒸消毒 1 次，用火焰灭菌器消毒墙角、地缝 1 次，最后还应喷洒消毒药 1 次，放置 1 ~ 2 周后方可放入新牛群。

●疫情下的消毒

牛场发生传染病时，应立即进行紧急消毒。其消毒程序是：用 5%氢氧化钠或 10%石灰乳溶液消毒养殖场道路及周围环境，每天 1 次；用 15%的漂白粉溶液喷洒牛舍地面、牛栏，每天 1 次；用 0.2%的过氧乙酸溶液喷洒牛体，每天 1 次；粪便及污物等进行化学或生物发酵消毒；养殖用具、设备及车辆可用 15%漂白粉溶液喷洒消毒，进出人员严格实行消毒制度。

为解除封锁、消灭疫点内可能残存的病原体，应进行终末消毒。其消毒程序为先对牛舍及周围环境进行彻底清扫、冲洗 1 次，用 5%氢氧化钠对牛舍地面、墙壁、道路、排粪沟进行喷洒消毒 1 ~ 2 次，对墙体死角、铁制牛栏等用高压喷灯焚烧消毒 1 次，饲槽、养殖用具、饮用水设施、车辆等用 20%漂白粉溶液消毒 1 次，所有粪便、污物清理干净并焚烧。

▶ 牛场常用消毒剂及使用方法

牛场常用消毒剂及使用方法，见表 10-1。

表 10-1　牛场常用消毒剂及使用方法

序号	消毒剂名称	使用方法
1	氢氧化钠（烧碱）	①2％～3％的水溶液，用于喷洒牛舍、饲槽、运输工具以及消毒池。②5％的水溶液，用于炭疽芽孢污染场地消毒
2	氧化钙（生石灰）	①10％～20％的乳剂可用于涂刷牛舍墙壁、牛栏和地板。②1千克氧化钙＋350毫升水的制剂可用于潮湿地面、粪池周围及污水沟的消毒
3	漂白粉	①10％～20％乳剂，用于牛舍、粪池、车辆、排泄物和环境的消毒。②每吨水加入5～10克，可用于饮水消毒
4	百毒杀	①10 000～20 000倍稀释，可用于饮水消毒。②3 000倍稀释，可用于牛舍、环境、饲槽、器具消毒
5	二氯异氰尿酸钠（优氯净、84消毒液）	①每千克水中加入835毫克，可用于圈舍地面、环境、用具、车辆消毒。②每千克饮水加入50～80克，可用于饮水消毒
6	过氧乙酸	①0.2％～0.5％的溶液可用于牛舍地面、墙壁、门窗的喷洒消毒，用具及车辆的消毒。②15％的溶液可用于空牛舍的空气消毒
7	复合酚（农福、消毒净）	①0.5％～1％的水溶液可用于环境、圈舍、器具、饲养场地、排泄物、运输车辆的消毒。②1：（300～400）浓度，可进行牛只药浴，防治螨虫等皮肤病
8	菌毒清（辛氨乙甘酸液）	①100～200倍稀释，可用于圈舍、场地、器械消毒。②1 000倍稀释，可用于手部消毒
9	熏蒸消毒剂（高锰酸钾＋甲醛）	每立方米空间用甲醛25毫升、水12.5毫升、高锰酸钾25克，将高锰酸钾加入甲醛与水的混合液中，关闭圈舍门窗12～24小时，可对圈舍空间进行消毒
10	新洁尔灭	①0.1％水溶液用于器械、玻璃、搪瓷、橡胶制品及皮革的浸泡消毒。②0.15％～2％水溶液，用于牛舍喷雾消毒
11	碘酊（浓度5％）	用于手术部位、注射部位消毒
12	酒精（浓度70％）	用于手指、皮肤、注射针头及小件医疗器械等的消毒

3. 肉牛疫苗接种及效果评价

▶ 疫苗接种

为经济、高效预防肉牛疫病的发生，针对其主要发生的疫病，常使用相应疫苗对动物进行接种，以刺激机体免疫系统发生免疫应答而产生特异性免疫。实际生产中，各牛场应根据本场疫情、牛体状况，结合现有疫（菌）苗的性能，对接种疫苗进行选择，对接种时间、顺序进行安排，最终形成适合本场的疫病高效免疫程序。经对我国肉牛疫病流行情况报道的分析，一般需进行牛副伤寒疫苗、牛气肿疽疫苗、传染性鼻气管炎疫苗、牛病毒性腹泻疫苗、牛出血性败血病疫苗、炭疽芽孢疫苗、口蹄疫疫苗、梭菌多联疫苗、牛流行热疫苗的免疫接种。其参考免疫程序见表 10-2 至表 10-4。

表 10-2　犊牛和后备青年牛的免疫程序

月　龄	疫苗种类	免疫途径	备　　注
1 月龄	牛副伤寒灭活疫苗	皮下或肌内注射	出生后 2~7 日龄首免 1 剂，免疫期 6 个月
	气肿疽灭活疫苗	皮下或肌内注射	出生第 2 周注射 1 剂，放牧牛必免，免疫期 1 年
	牛传染性鼻气管炎疫苗	肌内注射	出生第 3 周注射 1 剂，5 月龄再接种 1 次
	牛病毒性腹泻疫苗	肌内注射	出生第 4 周注射 1 剂，6 月龄再接种 1 次
2 月龄	牛出血性败血病灭活疫苗	皮下或肌内注射	出生第 5 周注射 1 剂，免疫期 9 个月
	II 号炭疽芽孢疫苗	皮下或肌内注射	出生第 7 周注射 1 剂，免疫期 12 个月
3 月龄	口蹄疫灭活疫苗	皮下或肌内注射	第 9 周用成年牛 1/2 剂量初免，隔 1 个月后加强免疫 1 次，以后用成年牛剂量每隔 4 个月免疫 1 次

（续）

月　龄	疫苗种类	免疫途径	备　注
4 月龄	牛支原体肺炎灭活疫苗	皮下或肌内注射	免疫期 1 年
6 月龄	梭菌多联灭活疫苗	皮下或肌内注射	免疫保护期 6 个月
12 月龄	牛出血性败血病灭活疫苗	皮下或肌内注射	第 10 月龄注射 1 剂，免疫期 9 个月
	Ⅱ号炭疽芽孢疫苗	皮下或肌内注射	免疫期 12 个月

表 10-3　成年繁殖母牛免疫程序

免疫时间	疫苗种类	免疫途径	备　注
每年 3、9 月	口蹄疫灭活疫苗	皮下或肌内注射 1 剂	免疫期 6 个月，新购进等未免牛应及时补免
每年 4、5、8 月	牛流行热灭活疫苗	皮下注射 1 剂	免疫保护期 6～8 个月
母牛配种前 30～50 天	牛传染性鼻气管炎疫苗	肌内注射 1 剂	但初产母牛需在配种前 1～3 个月进行接种
	牛病毒性腹泻疫苗	肌内注射 1 剂	初产母牛需在配种前 1～3 个月进行接种
	牛出血性败血病灭活疫苗	皮下或肌内注射 1 剂	免疫期 9 个月
母牛产前第 5 周	犊牛副伤寒疫苗	皮下或肌内注射 1 剂	免疫期 6 个月
母牛产前第 4 周	梭菌多联灭活疫苗	皮下或肌内注射 1 剂	免疫期 6 个月

表 10-4　架子牛育肥期间免疫程序

免疫时间	疫苗种类	免疫途径
每年 3 或 4 月	Ⅱ号炭疽芽孢疫苗	皮下或肌内注射 1 剂
每年 3 月、9 月	口蹄疫灭活疫苗	皮下或肌内注射 1 剂
每年 2 月、10 月	牛出血性败血病灭活疫苗	皮下或肌内注射 1 剂
每年 3、8、12 月	梭菌多联灭活疫苗	皮下或肌内注射 1 剂
每年 3 月（放牧下用）	牛气肿疽灭活疫苗	皮下或肌内注射 1 剂

【免疫接种的注意事项】

疫苗的运输与保存：疫苗运输过程应避免高温、阳光直射和冻融，一般在 2~8℃下或配带冰袋的保温箱内运输；灭活苗、弱毒苗和稀释液分层放置，病毒性弱毒疫苗和细菌性弱毒苗最好在 -20℃下保存，灭活苗应在 0~4℃下避光保存。

消毒：疫苗注射部位一般选择在颈侧或臀部，应用 75%酒精棉消毒（图 10-12、图 10-3），碘酊不宜作为疫苗注射部位的消毒剂；每注射 1 头牛需更换一个消毒针头，以防止疫病传播。

接种牛的选择：预防接种一般只适合健康牛，病牛抵抗力弱，注射疫苗可加重病情，带来不良后果；因母源抗体因素作用，犊牛疫苗接种多安排在 2 月龄以后进行。

接种针头的选择：一般选用 1.5~2 厘米的针头，刺入皮下或肌肉后应注意观察是否后回血，避免将疫苗直接注入血管中，导致牛发病甚至死亡。

孕牛接种疫苗需谨慎：因部分弱毒苗可引起孕牛流产、早产或死胎，建议弄清各类疫苗的使用注意事项后，再行预防接种，最好在配种前或产后体质恢复后进行免疫接种。

图 10-12　肉牛疫苗注射部位消毒　　　　　图 10-13　肉牛疫苗注射

免疫效果评价

　　为了解免疫程序对牛群是否合理并达到了降低群体发病率的作用，需要定期对牛群的实际发病率和实际抗体水平进行分析和评价。目前生产中使用的免疫效果的评价方法主要是血清学方法，该法是通过测定免疫牛群血清抗体的几何平均滴度，并比较接种前后滴度升高的幅度及其持续时间，以评价疫苗免疫的效果。血清学方法可通过琼脂扩散试验、血凝与血凝抑制试验、正向间接血凝试验及酶联免疫吸附试验等获取具体牛只体内抗体的滴度。肉牛生产中，要特别关注口蹄疫、牛出血性败血病的实际免疫效果。如对口蹄疫的免疫效果进行评价时，可在实施免疫后第 21 天进行牛群采血，抽样采血牛只数量可按 10%进行确定，牛群低于 30 头者可全群采血；O 型、亚 – Ⅰ型口蹄疫抗体滴度可用正向间接血液凝集试验或液相阻断 ELISA 试验进行测定，测试样品滴度正向间接血液凝集试验法大于 2^5、液相阻断 ELISA 法大于 2^6 时判断为个体免疫合格；群体免疫合格率大于 70%时，判断为全群免疫合格。一般应隔 3 个月开展一次群体抗体滴度检测，评价牛群的实际免疫效果。

4. 肉牛主要疫病的检疫

为了更有效地防止牛传染病、寄生虫病及其他有害生物的传入和传出，保障肉牛产业的健康发展及从业人员的健康，需开展肉牛疫病的检疫。依据我国动物防疫法、进出口动植物检疫法，应对国内饲养、进出境等的肉牛、各类牛肉产品及其他相关物品（动物疫苗、血清、诊断液、动物废弃物等）开展检疫。据我国农业部发布的《一二三类动物疫病病种名录》（2008年版）记载，涉及肉牛方面应检疫的疫病约11种，对于进出境牛只，OIE《陆生动物卫生法典》中规定了30多种疫病应进行检疫。

针对肉牛生产中疫病防控工作的需求，适时开展肉牛结核病、布鲁氏菌病的检疫显得十分必要。开展此两种疫病检疫时，对于全进全出牛场，在购进犊牛或架子牛后，应查验购进牛只是否有合格的产地检疫证明，牛只品种、数量及产地是否与证单相符；同时，还应对动物群体的精神、运动、行为、咳嗽及饮食欲进行观察。若有疑似个体，则应进行详细个体检查，或联系兽医业务部门进行现场检查或送样进行实验室检测予以确证；繁殖牛场对采购的种精、胚胎等，也应查验动物检疫合格证明。对检疫合格的牛只，原则上应先置于观察牛舍内观察饲养约半个月，待牛群健康无病后，再转入生产舍内饲养；肉牛养殖过程中，应积极配合当地兽医部门开展结核病、布鲁氏菌病的春秋检疫工作，或场内自行检疫两种疾病。对两种疾病阳性患牛，应全部扑杀，对受到威胁的牛群应实施隔离。要无害化处理病害牛尸体和扑杀牛，阳性牛污染的场所、物品、用具等应严格消毒。牛场内工作人员应定期体检，并做好防护，避免人畜相互传染。被确诊为结核病的牛群（场），还应积极实施牛结核病的净化。

▶ 牛结核病检疫技术要点

● 临诊检疫

一是依据其流行特点，该病以奶牛最易感，其他种类的牛及人均可感染；患病牛为主要传染源，健康牛可通过被污染的空气、饲料、饮水等经呼吸道、消化道感染。二是依据临诊症状，肺型、乳房型及肠型结核病常呈慢性经过，进行性消瘦和贫血，长期咳嗽、流鼻涕，呼吸迫促，体温变化不显著。肺型结核病以长期顽固性干咳为特征；乳房型结核病则乳腺淋巴结慢性肿胀、泌乳减少显著；肠型结核病呈现持续性下痢与便秘交替发生，粪便夹血或脓汁。三是依据病理变化，病（死）牛肺、乳房、胃肠黏膜处有白色或黄白色的结节，大小不等，切面呈干酪样坏死或钙化；胸膜、肺膜上有如珍珠状的结核结节，乳房内有豆腐渣状干酪样病灶。

● 实验室检疫

一是可进行病原检测，采集病牛病料（肝、肺、脾、痰、尿、粪等）制作抹片，然后进行抗酸染色、镜检，若有红色的杆菌即可确诊；也可进行病原分离培养、PCR 扩增该菌特异性基因进行诊断。二是采用国际标准、OIE 诊断法（牛型结核分支杆菌 PPD 皮内变态反应试验法）进行诊断，用提纯结合菌素 0.2 毫升于牛颈侧中部皮内注射，72 小时内若注射部位皮肤弥漫性水肿，皮厚差 4 毫米以上者可判断为阳性。

▶ 牛布鲁氏菌病检疫技术要点

● 临诊检疫

患病母牛多在怀孕后 5～7 个月发生流产，流产胎儿皮下、浆膜、黏膜出血；或产死胎、弱胎；母牛常出现胎衣不下、子宫炎，长期不孕；公牛表现睾丸炎。

● 实验室检疫

一是病原检查，取流产胎儿胃内容物、羊水、胎盘坏死部分或流产母牛 2~3 天内的阴道分泌物等进行抹片，改良柯氏鉴别染色，布鲁氏菌呈红色球杆菌或短杆菌；或经姬姆萨染色呈紫色球杆菌或短杆菌。二是血清学检测，采集牛血液并制作血清样品后，可用虎红平板凝集试验、玻板凝聚试验、乳汁环状试验进行大群筛查，再以试管凝集试验和补体结合试验进行确诊，也可用更灵敏的 ELISA 法进行确诊。

十一、肉牛场经营管理

1. 肉牛养殖关联信息采集与利用

▶ 信息采集内容

◆经济社会发展情况与政策

从中央每个"国民经济和社会发展五年规划建议"，国家每个"国民经济和社会发展五年规划纲要"，中央每年的1号文件、"政府工作报告"，农业部的农牧业发展规划、科技部科技发展规划，各级地方党委和政府的上述相应文件，了解掌握中央经济社会发展理念、发展战略和发展规划，"三农"政策、产业政策、科技政策、财政政策、金融政策、国内生产总值和三次产业比重及年增长率、人口总数和城镇化率及增长率、城镇年人均可支配收入和农村年人均纯收入及增长率、社会消费品零售总额、居民消费价格指数等。

◆肉牛生产及其科技发展情况

全国及各个产区肉牛存栏量，其中能繁母牛存栏量、产犊率，出栏量、出栏年龄与出栏体重、屠宰率与产肉

量、优质肉块比例及不同品种、饲养水平差异，良种覆
盖面与人工授精面、育肥规模化程度、人工种草面积及
产量、全混日粮推广面，人工种草和肉牛饲养成本，牧
草生产、草料加工、饲养管理、粪污清除处理标准化、
机械化、自动化、智能化比例和水平等。

◆牛肉消费与肉牛产品市场发展情况

我国年人均消费畜禽肉类和其中牛肉消费量与世界
平均水平和发达国家的差距，进出口活牛和牛肉的品种、
数量、价格及主要进出口省市区，国内不同品种架子牛、
育肥牛和牛肉价格等。

信息采集来源与方式

◆信息来源选择

信息来源和渠道应坚持以国内为主、以官方为主和
权威大数据收集单位、权威性会议和期刊为主，社会调
查要有足够数量和代表性。

◆信息采集方式

信息采集方式主要包括互联网查询、报刊搜索、会
议收集和社会调查等。

信息选择利用

◆信息分析方法

信息分析的方法按信息处理的特点可分为综合法
(归纳法)和分析法两类，按应用工具的差别可分为传统
分析和云计算。综合分析为多因素决策常用方法，如决
定新建牛场或牛场改扩就要对国民经济增长的速度、质
量，全国总人口及城镇化率、城乡年人均纯收入及恩尔
系统（家庭食物支出占消费支出的比重），国家的有关政
策，牛肉生产和消费发展及进出口情况等进行全面的、
系统的、历史的、客观的分析，其主要结论以定性的居
多。分析法其对象针对性较强，如普通牛肉农贸市场批
发价为58元/千克，而澳洲九级眼肉为968~978元/千

克，日本和牛眼肉为 2 996 元 / 千克，其价格相差如此
大，其原因与市场供应量、产品质量安全、认证标准和
品牌档次相关而品牌附加值最大。分析法多以量化分析
为主，定性定量相结合分析，其中外推法、类同比较法
和差异比较法较常用。

◆信息的选择利用

肉牛养殖关联信息的采集分析是科学预测未来肉牛
和牛肉生产发展及牛肉消费发展的依据，是肉牛场新建、
改扩建多方案投资选择的依据，是现有牛场制订和调整
产品开发方向及生产计划的依据，是牛场争取各级政府
关联项目支持的前提。

2. 肉牛场管理制度建设

▶ 牛场行政管理制度

◆牛场行政管理职责

牛场行政管理职责是为实现牛场建设发展目标和年
度计划任务，组织、领导、协调、激励和监督各部门和
全体员工有序、高效工作，并承担联系政府部门和办理
其他对外事务。

◆牛场行政管理制度要点

牛场行政管理制度主要包括：牛场领导和各部门的
分工协作，牛场领导、部门及部门负责人岗位职责，牛
场办公会及议事规划，牛场计划、报告、总结、会议纪
要、请示等对内对外文件的起草、审定、申报或下发，
政府部门文件批转传阅、办理，干部巡查制度，员工意
见和建议受理制度、员工办事程序、对外接待等。

▶ 牛场人事管理制度

◆牛场人事管理职责

牛场人事管理职责是为实现牛场建设发展目标和年

度计划任务，组织、激励、监督各部门和员工有序、高效工作。

◆牛场人事管理制度要点

牛场人事管理制度主要包括：非董事会或法人代表决定的干部任免辞职和其他员工的录用与辞退、辞职、请假的条件和程序，员工定员定编、岗位责任、员工学习及培训，部门及员工岗位考核原则、内容、程序、方法，工资制度、员工工资、各类保险、津补贴和奖金标准及确定、发放程序与方式等。

牛场生产管理制度

◆牛场生产管理职责

牛场生产管理职责是为实现牛场建设发展目标和年度生产计划任务，协调有关部门，组织、激励和监督生产部门员工有序、高效工作。

◆牛场生产管理制度要点

牛场生产管理制度主要包括：标准化安全优质草料生产、贮存、加工操作规程，牛源生产的人工授精操作规程和妊娠母牛、围产期母牛、哺乳母牛、空怀母牛、犊牛、后备母牛、商品架子牛标准化清洁饲养管理操作规程，育肥牛标准化清洁饲养管理操作规程，每天定时工作程序，节水、节能、减排管理要求，牛场卫生防疫、消防制度与粪污处理等要求。

牛场财务管理制度

◆牛场财务管理职责

牛场财务管理职责是根据牛场的建设计划和年度生产计划任务，制订牛场的投资和经营收支计划、合理使用资金、确保财务安全和争取牛场经济效益最大化。

◆牛场财务管理制度要点

牛场财务管理制度主要包括：财务预算的原则，筹资和资金使用方案的审定程序，成本核算及分析报告，收支审核、入账与下账及报账的监督、审定程序，物料的入库、领用、报损、出售的监督、审批程序，现金出纳规定，建设项目和生产经营年度决算审定等。

3. 肉牛场生产记录档案管理

▶ 生产档案记录事项

◆牛只来源

自繁自养牛应记录父本和母本的品种、来源和编号、犊牛出生时间、性别、编号、初生重等，外购牛只应记录其外观特征或品种、性别、年龄、编号、来源地及饲养场名、检疫证明、隔离观察时间、地点，入场时间及体重等。

◆草料和饮用水来源及质量

混合精料若外购的应记录生产厂家名称、地点、品名、配方及质量标准、审批机关、批准文号及产品批号，购买时间、地点、数量，经销商名称、经营许可证号及审批机关。自配混合精料要记录各种原料的来源，其中外购的原材料应记录品名、产地、质量标准、购买时间、数量，供应商名称、地点、经营许可证号与发证机关。青草、干鲜秸秆、食品加工副产品的来源也应做好相应记录。对自产的牧草、粮食、秸秆及糠麸等也要做好作物施肥、农药使用等记录。

应当注意草料来源要相对稳定，并做好初次、定期和不定期的抽检化验，确保草料来源的质量。草料质量检验应记录抽验样品部门、数量、抽检、送检时间、附录检测单位的检测报告。还应当注意要做好各类草料的入场入库记录、在场在库和加工前及临饲前草料质量检查和记录，防止霉变草料进入加工饲喂环节。

牛场自供水要有水源地点、类型（塘库水、山泉水、井水等），进场方式、水质处理方式和单位、水质检验合格认证单位及抽验时间等记录，若用自来水公司水只需记录自来水公司名称及其水质检验单即可。

◆生产管理记录

牛源生产应记录冻精保存条件、使用前质量镜检鉴定，母牛初配年龄、各次配种及复配时间、受孕观察及孕检时间，围产期、哺乳期单栏饲喂、空怀期及妊娠期群养与空怀牛发情观察、哺乳犊牛断奶时期及日龄，犊牛、架子牛群养及生长发育观察与检测和后备母牛选择依据，犊牛、架子牛出栏时间及日龄，生产母牛淘汰时间、年龄及原因。淘汰母牛、架子牛育肥群养入栏及出栏时间、出栏体重与膘情评估。日常工作程序安排：日粮准备时间、饲喂次数及时间、清洁卫生次数及时间。每天草料消耗记录、各生产阶段牛只平均草料消耗量评估等。

◆疾病防制记录

外购牛须按《动物防疫法》规定做好规定时间隔离饲养观察，记录隔离起止时间和观察情况记录，附产地提供的免疫、检疫资料；请经验丰富的兽医作定期和不定期的逐头常规检查，发现问题及时处理，对疑似规定疫病及时上报主管部门并送检病料，确诊后按规定处理，并做好相应记录。对在场牛患病尤其传染也应隔离做好相应处理，牛源生产场应根据当地疫情做好牛只检疫和按免疫程序做好疫苗注射免疫。做好人、畜、车入场消毒和牛场定期和不定期的消毒，并根据牛粪虫卵检查和当地屠宰牛内脏寄生虫检查，做好定期或育肥初期的驱虫工作。用药档案记录、各类药品的名称都要按兽药典用标准名，并为正规厂商的有效期药品。消毒要记录时间、浓度，其他各种用药记录要明确牛只编号、年龄、体重、用法、用量和用药时间，对于患病动物的治疗应有兽医处方笺。此外还应作好环境氨氮、臭气等定期检测记录等。

▶ 生产档案记录规范

◆ 生产档案记录管理分工　见表11-1。

表 11-1　肉牛场生产档案记录管理分工

序号	档案记录事项	记录责任人	记录复核人	备注
1	牛只来源	牛只采购员或生产母牛饲养员	育肥牛饲养员，接产员	记录责任人对牛编号
2	草料来源	草料采购员、草料生产员	草料库管员	库管员编货号分别存贮
3	人工授精	配种员（畜牧技术员）	繁殖母牛饲养员	
4	生长发育检测	畜牧技术员	饲养员	
5	草料加工	草料加工员	草料库管员	
6	生产母牛饲养	饲养员	饲养员	各1名
7	育成牛饲养	饲养员	饲养员	
8	育肥牛饲养	饲养员	饲养员	
9	疾病防制	兽医	饲养员	
10	出栏称重	肉牛销售人员	饲养员	要说明牛只去向
11	归档	记录责任人	办公室文书	每月归档1次装订成册

◆牛场生产记录表格式

县　　　肉牛场生产记录表

记录事项：　　　　　　　　　　　　记录责任人（签字）：

记录复核人（签字）：　　　　　　　记录时间：　　年　月　日

　　表名用 3 号宋体字，其他用 4 号宋体字。县之前空格为县名，非县称谓地区作相应替换。肉牛场之前的空格为牛场名称。框内为记录内容。记录表可根据牛场大小分别为 16 开或 32 开 1 页纸。

➤ 生产记录档案利用

◆考评总结依据

牛场生产记录档案是对生产操作和管理人员进行绩效考核的依据，是进行物资账务核对的依据和生产管理经验教训总结的依据。

◆食品质量安全认证和品牌打造的重要依据

完善从田间至肉牛出栏各环节生产记录档案，是构建食品质量安全可追溯体系的关键，是通过食品质量安全认证和品牌打造的重要依据。

4. 牛场经济核算

➤ 牛场建设投资核算

◆土建工程投资

规模化牛场土建工程投资包括：入场道路、供水供电入场工程、牛场建设挖填方平场、基脚、堡坎、办公生活用房、牛舍及圈栏、草料贮存加工房、牛粪处理加工用房、贮水池、青贮窖、沼气池及沼液处理池、给排水管网、路坝、绿化、围墙大门等费用。一般应请养牛专家根据养牛类型和规模确定建设内容和规模，并作布局初设，再请建筑专家作建筑施工设计并估算投资。

◆机器设备投资

机器设备投资包括：变配电、自供牧草生产农机具、交通运输、草料加工、饲养管理、粪污处理、分析检测、配种、医疗、消防、办公、生活等机器、设备、仪器购置及安装费。可请养牛专家、农机专家提供设备选型和购置数，再网上查询和招标。

◆工程建设其他费用

工程建设其他费用包括：前期调研、牛场建设项目、可行性研究报告编制、环保评审、牛场建筑勘查设计、工程监理、建设管理、工程建筑意外保险、人员培训等费用，以及牛场建设用地征地费或建设期租地费、自供牧草建设期租地费和多年生牧草建植费，牛源生产购能繁母牛费及饲养能繁母牛和育成牛直到第一批产品出栏销售的前一年各种费用（如牛场产品定为出栏 1 岁以内的犊牛之前一年各项成本均记入建设投资中，如产品定为出栏 2 岁的架子牛则前两年各项成本费用均记入建设投资中）。

◆预备费及建设期贷款利息

牛场建设项目预备费一般按土建工程投资、机器设备投资、工程建设其他费用三项和的 5%计，建设期贷款利息按与银行约定的贷款数额及利率与估计的建设年限计算复利额。

经营成本与流动金核算

◆经营成本核算

牛场经营成本（经营费用）包括：育肥外购架子牛和草料费、自产牧草的草种与肥料费、水电费及农机与运输车辆燃料费、员工工资及附加费、牛只医药保健费、牛源生产的人工授精费、维修费、租地费、对外雇车运输费、销售费、管理费和科技费等。

◆流动金核算

牛场流动金可用简便方法估算：牛源生产从达产年起年经营费用即可视作正常年所需流动金量。专作肉牛育肥，若都半年出栏销售，则年经营费用可周转两次，其 50%可视作正常年所需流动金量。铺底流动金一般指业主自有的流动金量应占总流动金的 30%，其余 70%可贷款。

投资效益核算

◆总投资核算

总投资 = 建设投资 + 流动金

◆销售收入或产值

肉牛育肥场销售收入 = 出栏牛平均单价 + 出栏牛数量 + 其他收入（如销售牛粪等）

牛源生产场产值 = 出栏牛销售收入 + 存栏牛增值 + 其他收入

◆年总成本核算

年总成本 = 年（经营成本 + 折旧费 + 摊销费 + 长期贷款利息 + 短借款利息）

牛场折旧费土建工程费 15 年折完，机器设备费 10 年折完，摊销费建设其他各项费用 10 年摊销完。

◆年利润核算

肉牛育肥场正常年利润 = 正常年销售收入 – 正常年总成本

牛源生产场正常年利润 = 正常年产值 – 正常年总成本

◆投资利润率

静态投资利润率 = 年利润 ÷ 总投资

动态投资利润率 = 计算期总利润 ÷ 计算期 ÷ 总投资

计算期 = 建设期 +10 年达产期

◆投资回收期

静态投资回收期 = 总投资 ÷（年利润 + 折旧费 + 摊销费）

动态投资回收期 <（静态回收期 + 建设期）

十二、牛场废弃物无害化处理与资源化利用

内容要素
- 好氧发酵生产有机肥
- 生产沼气
- 养殖蚯蚓
- 种植食用菌

　　牛场废弃物主要包括牛只产生的粪便和牛场用于生产、生活所产生的污水。废弃物处理与利用应遵循减量化、资源化和无害化的原则。目前，牛场的固体粪便主要以好氧堆肥生产有机肥为主，产生的污水经厌氧发酵后利用或者经深度处理后达标排放，处理模式如图 12-1 所示。

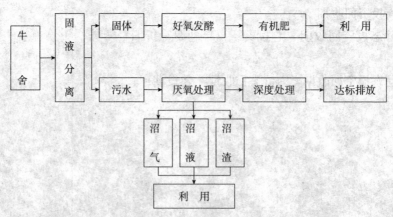

图 12-1　牛场粪污处理模式

1. 好氧发酵生产有机肥

在一定的条件下，利用微生物将牛粪中易降解的有机物质分解成为一种类似腐殖质土壤的有机物质的过程。

> **工艺流程**

好氧堆肥通常由前处理、主发酵、后熟发酵、后续加工以及贮藏等工序组成（图 12-2）。

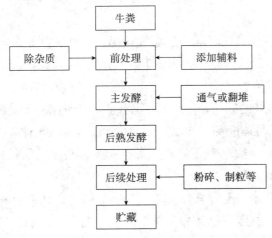

图 12-2　好氧堆肥工艺流程

● 前处理

前处理主要调节牛粪的水分含量、通气性能和碳氮比[1]。同时，去除牛粪中不适合堆肥的物质[2]。

● 主发酵

在特定的场所内完成主发酵的过程，通过强制通气或机械翻堆向堆体内部通入氧气，促进牛粪的腐熟。

● 后熟发酵

将主发酵后的物料送到后熟发酵场地继续发酵，使尚未完全分解的有机物质继续分解，使其转化为比较稳定和腐熟的堆肥。一般认为，堆体内部温度降至40℃以下，表明后熟发酵完成。

[1] 可通过添加锯末、秸秆等物质。

[2] 粪便中的塑料、砖瓦等物质。

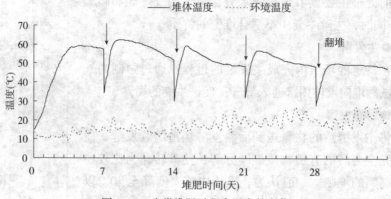

堆肥发酵的条件控制

●初始含水率

一般认为，适宜堆肥的初始含水率为 60%~70%[1]。牛粪含水率较高，可以利用太阳能等将牛粪干燥，也可以添加干燥的有机物料来进行调节。

●碳氮比

适宜的物料碳氮比为（20~30）：1。可通过添加碳氮比较高的有机材料（秸秆、锯末等）进行调节。

●容重

容重可反映堆体的通气状况，在堆肥开始时，堆体的容重值调节在 500~800 千克 / 米³ 比较合适。

●氧气供应

堆体的氧气供应可以采用强制通气[2]和机械翻堆[3]的方式完成。堆体过高（1.5~2.0 米）时，可能会出现堆体内部结块的现象，导致发酵不均匀。因此，可采用机械翻堆的方式。

●温度

堆体温度升高是由于微生物分解牛粪的有机物质的结果，温度变化可分为 3 个阶段：温度上升期、高温持续期和温度下降期。翻堆后，温度会再次经历这三个阶段（图 12-3）。

①含水率过高会影响发酵进程。

②通气量控制在 100~300 升/（米³·分钟）。

③可使用铲车或翻抛机。

图 12-3 牛粪堆肥过程中温度的变化

堆肥方式

目前，固体牛粪主要采用条垛式、槽式和密闭仓3种方式进行好氧发酵。

● 条垛式堆肥方式①

通过添加锯末、粉碎的秸秆等物料将牛粪水分调节至合适的范围，按照一定高度和宽度铺成条垛状，高度一般在1米左右，最高不超过1.5米，宽度一般在2.6米左右。条垛平行排列在室内堆肥场上（图12-4），采用通风方式或机械翻堆给堆体中好氧微生物提供氧气（图12-5），促进物料腐熟。

①发酵快、投资小，但占地面积大、机器噪声大。

图12-4　条垛式堆肥　　　　图12-5　翻抛机

● 槽式堆肥方式②

槽式堆肥系统主要由发酵槽和翻抛机组成。将调节好的物料连续或定期向发酵槽投料，通过定期翻堆，促使物料腐熟。发酵槽的宽度一般为2.0~6.0米，深度一般为1.0~2.0米，长度在20~60米（图12-6）。堆肥材料的初始含水率应控制在70%以下，如采用通风，应定期检查通气系统，保证通气顺畅。

②占地面积小，但透气性差、发酵时间长。

● 密闭仓堆肥方式

密闭仓堆肥（图12-7）是在密闭仓内进行，堆肥装置具有通气和搅拌的功能。密闭仓主要分为纵式和横式两种装置。使用密闭式发酵方式，堆肥材料的初始含水率应控制在 60%以下，如堆肥材料水分含量高，应减少材料的投入量。此外，装置上方应有防雨设施。

图 12-6　槽式堆肥

图 12-7　密闭仓堆肥

堆肥腐熟判断方法

堆肥腐熟判断方法有很多，常用的有温度变化判断法、种子发芽法和评分法。

●温度变化判断法

在堆肥过程中，温度会经历升温—高温—降温的过程，经过几次翻堆，温度反复上升和下降后，堆体中易分解有机物质逐渐消失，即使再翻堆温度也不会上升，可判断已经腐熟。

●种子发芽法

取一定的堆肥材料，用蒸馏水浸提，用浸提液在25℃条件下恒温培养萝卜或小白菜等种子，同时使用蒸馏水培养做对照试验。通过对比浸提液和对照组的种子发芽率，来判断粪便的腐熟效果。

●评分法

根据堆肥的外观以及实际管理措施进行评分，然后，根据各项的总分来综合判断堆肥的腐熟度。总分≤30分为未腐熟，31≤总分≤80为中度腐熟，总分≥81为完全腐熟（表12-1）。

表 12-1　评分法所采用的各项外观指标

项目	指　　标
颜色	黄至黄褐色（2）；褐色（5）；黑褐色至黑色（10）
形状	黏块状（2）；块状易散（5）；粉状（10）
气味	粪臭明显（2）；粪臭不十分明显（5）；堆肥臭（10）
水分	用手使劲握从手指间能有水冒出，水分含量在70%以上（2）；用手使劲握从手指间能有少量水冒出，水分含量在60%以上（5）；用手使劲握没有水冒出，水分含量在50%以下（10）
堆肥最高温度	50℃以下（2）；50～60℃（10）；70℃以上（20）
堆肥时间	与作物残渣混合堆肥，堆肥时间在20天以内（2）；20天至3个月（10）；3个月以上（20） 与木质材料混合堆肥，堆肥时间在20天以内（2）；20天至6个月（10）；6个月以上（20）
堆肥翻动次数	2次以下（2）；3～6次（5）；7次以上（10）
强制通风	无（0）；有（10）

注：括号内数字表示得分，引自（王岩，2005）。

2. 生产沼气

沼气是厌氧微生物在适宜的条件下对有机物质进行分解而产生的一种可燃气体，除了作为燃料外，沼气发电在发达国家已得到广泛应用。

▶ 沼气生产的条件
- 厌氧环境：发酵池需要密封；
- 有机物质含量：有机物与污水之比为 1：(1.5~3)；
- 温度：可采用常温发酵、中温发酵（35~40℃）和高温发酵（45~55℃）；产气量会随着温度的增加而增高；
- 酸碱度：pH 控制在 6.5~8.5；
- 碳氮比：(20~30)：1。

▶ 工艺流程
厌氧发酵生产沼气的工艺流程主要包括前处理、厌氧发酵和后处理等过程，具体工艺流程见图 12-8。

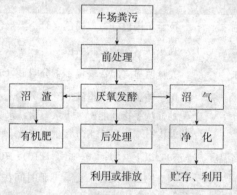

图 12-8　沼气工程工艺流程

厌氧发酵是微生物在厌氧消化器内分解有机物质的过程，厌氧消化器的总有效容积应根据处理量和水力停留时间来确定。厌氧反应器主要有升流式固体反应器、全混合厌氧消化器、升流式厌氧污泥床和复合厌氧反应器等。

后处理主要是对产生的沼液根据不同用途而采用不同方法进行处理，如果采用还田模式，可进行固液分离、灭菌等；如果要排放到周围环境中，则需要进行深度处理，实现达标排放。

沼气工程

常用的沼气工程主要有地下式的沼气池（图 12-9）和地上式的厌氧发酵罐（图 12-10）。沼气工程一般应有加热保温措施，以满足低温季节厌氧发酵的需要。

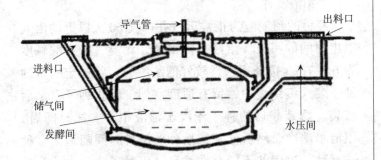

图 12-9　地下沼气池示意图

图 12-10　厌氧发酵罐

▶沼液的处理与利用

牛场污水经厌氧发酵产生沼气后，产生的沼液和沼渣含有丰富的氮、磷等营养物质和生物活性物质，经处理后应用于农田。采用该模式需要有足够的土地来消纳牛场产生的沼液，沼液作为液体肥料在施用前应储存5天以上时间，同时应考虑非用肥和非灌溉季节沼液的储存量。此外，应对施用沼液的土壤进行定期监测，以防止因沼液施用所带来的负面影响。

●沼液浸种

浸种的沼液应为正常运行并产气60天以上的沼气池出料间的沼液。沼液呈深褐色，无臭气味，酸碱度为6.8~7.6。选择透水性较好的编织袋，将一定质量的种子装入编织袋中，留有适度空间，防止种子吸水后胀袋。将装袋后的种子淹没于沼液中，一段时间后，用清水洗净，然后催芽或播种。浸种时间随地区、种子品种、温度的不同存在差异，以种子吸足水分为好（表12-2）。

表12-2 沼液浸种时间

种子类型	水稻	玉米	小麦	大麦	油菜	马铃薯	西瓜	甘薯
浸种时间（小时）	36~48	6~12	24	12	12	4	12~24	2~4

●作为叶面肥

沼液中含有亚油酸、亚麻酸、脯氨酸等物质，利用沼液喷施植物叶面，可起到抗冻害、增产的作用。利用正常厌氧发酵60天以上的沼液进行喷施，喷施用的沼液经过稀释3倍左右后施用，沼液用量及喷施次数可根据作物种类和长势来确定，正常情况下，长势差多施用，长势好少施用，用量以喷至叶面布满细微雾点而不流淌为好。利用沼液喷施时间在上午露水干后进行，雨天不宜喷施。

●沼液养鱼

经过充分发酵的沼液，含有多种氨基酸和微量元素，可作为鱼的饲料进行利用。沼液需经过正常发酵3个月以上，沼液中干物质含量在1%左右时可直接使用。沼液宜作为追肥使用，追肥的时间和用量应根据季节和鱼池水质来确定（表12-3），沼液喂鱼应遵循少量多次的原则，若池水的透明度大于30厘米则追施，小于20厘米则不宜追施。追施要选择晴天上午进行，阴天则不追施。

表 12-3　沼液养鱼的用量和追肥时间

月　　份	4～6	7～8	9～10
每周用量（千克/公顷）	3 000	2 250	2 250

●沼液深度处理

如果牛场周边没有足够的土地来消纳污水，则需要对污水进行深度处理，实现达标排放，污水深度处理的工艺模式见图12-11。该模式投资较大，运行能耗高，技术要求高，需要专业的技术人员进行管理。

沼液后处理可采用好氧处理系统、稳定塘、好氧处理系统＋稳定塘、膜分离和人工湿地等方法，根据具体情况来选择合适的技术方法，但无论采用何种方法，处

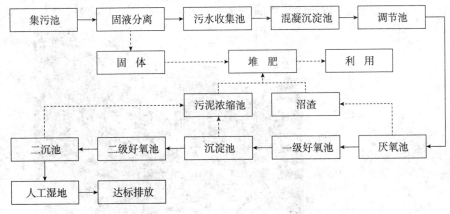

图 12-11　污水深度处理达标排放模式

理后的污水应符合畜禽养殖业污染物排放标准（GB 18596—2001）的要求（表12-4）。

表 12-4　集约化畜禽养殖业水污染物最高允许日均排放浓度

控制项目	五日生化需氧量（毫克/升）	化学需氧量（毫克/升）	悬浮物（毫克/升）	氨氮（毫克/升）	总磷（以P计）（毫克/升）	每百毫升中粪大肠杆菌数（个）	蛔虫卵（个/毫升）
标准值	150	400	200	80	8.0	1 000	2.0

3. 养殖蚯蚓

➤ 养殖蚯蚓的品种

蚯蚓的种类较多，我国有200余种。目前，国内外的重点养殖品种为赤子爱胜蚓，如大平2号等。

➤ 蚯蚓对环境的要求

蚯蚓适宜生活的温度范围为15~25℃，蚯蚓喜湿怕干、怕盐、喜空气，湿度为60%~70%，pH在6.5~7.5。

➤ 养殖方式

蚯蚓可以采取室内饲养和田间养殖。室内养殖需要专门的场地和一定的设施，成本较高；而田间养殖相对较经济，目前，多采用此种方法（图12-12）。

图 12-12　田间养殖蚯蚓

场地选择

选择地势较为平坦，能灌能排的场地。铺料前，应平整土地，使土质松软，无大块土块。

牛粪发酵

用稻草或秸秆先铺一层厚 10~15 厘米的干料，然后在干料上铺 4~6 厘米粪料，重复 3~5 层，每铺一层用喷水壶喷水，直至水渗出为好；当堆体温度降到 50℃以下时翻堆，每隔 3~5 天翻一次，一般翻 3~5 次即完成饲料的发酵工作。发酵后的牛粪①应无臭味、无酸味、质地松软、不粘手、颜色棕褐色。密度小、保水性高、透气性好。

建床

将发酵后的基料均匀地铺在地上②，铺设厚度为 10 厘米左右，宽度为 1.5 米左右，铺好后将蚯蚓种均匀地洒在基料上，然后再铺设一层牛粪，总厚度控制在 30~50 厘米。两个养殖床之间要留有 1 米的空隙，以便于管理。

饲养管理

可采用上投法补充饲料，要铺撒均匀，然后覆盖稻草以保持湿度（图 12-13）。在养殖过程中，如果饲料过干，可洒水补充水分。

①如发酵后的饲料 pH 过高，可使用醋酸或磷酸二氢铵调节，如 pH 过低，可使用磷酸氢二铵调节。

②在正式饲喂前，应取少量投放，观察 1~2 天，确保饲料安全。

图 12-13　稻草覆盖

▶ **采收**

蚯蚓的采收可采用诱食法和光刺激等方法。

诱食法：在养殖床旁边放上烂西红柿、烂苹果等蚯蚓喜欢吃的食物，蚯蚓会大量爬出采食，可把它们集中起来采收。

光刺激法：利用蚯蚓的避光性，在光照下蚯蚓会钻到养殖床下层，可逐层刮料。

▶ **产量**

田间养殖蚯蚓亩产可达 1 500~2 500 千克，蚯蚓粪 20 吨左右。

4. 种植食用菌

▶ **牛粪发酵**

● 预湿

发酵前进行稻草预湿，预湿时要让草湿透，不宜堆积过厚（图 12-14）。

● 建堆

一层草、一层牛粪进行铺设，草的厚度 20 厘米、粪

图 12-14 稻草预湿

的厚度 10 厘米为宜，堆高不超过 1.5 米，宽 2 米，长度不限（图 12-15）。

图 12-15 建 堆

● 翻堆①

共翻 4 次，每次间隔 6、5、4、3 天，每次翻堆时间以堆温开始下降时为准，堆温超过 80℃持续 1 天后也应及时翻堆（图 12-16）。在翻堆时加入尿素、石膏、磷肥等提高物料养分。发酵后物料水分控制在 65% ~ 70%，外观呈深咖啡色，无粪臭和氨气味，松散，细碎，无结块。

①翻堆时可视物料 pH 添加石灰，调节至 7~8。

图 12-16 翻 堆

●二次发酵

将发酵的培养料铺设在栽培床上（图 12-17），堆放厚度为 30~40 厘米，培养料铺好后，关闭门窗使料温上升。当料温下降时，向菇房内通入蒸汽，使菇房内温度达到 60℃，维持 6~8 小时后，将温度控制在 48~52℃，继续培养 3~5 天，使培养料进一步腐熟，直到无氨味、臭味，具有浓郁的料香味。

图 12-17　铺　料

▶ **播种**

将菌种均匀地撒在料面上，轻轻压实打平，让菌种落入料内，使菌种与料面充分接触好（图 12-18）。

图 12-18　播　种

> **覆土**①

当菌丝长满料面层，并从底部可见到菌丝时，这时要覆盖土壤（图 12-19），覆土的厚度为 3.5 ~ 4 厘米。

> **管理**

● 前期管理

播种后前 3 天要关闭门窗保温培养，3 天后，菌种开始生长，适当加大通风量，增加新鲜空气。当菌丝已布满料面后，逐渐加大通风量，降低料面水分，并控制菇房空气湿度在 80% 左右，促使菌丝向料内生长，一般接种后 18~20 天，菌丝可长到料底部。

①要求：没有生产过食用菌的土地，取耕作层以下的土壤，保水性和透气性好，pH 调节到 7.5~8。

图 12-19　覆　土

● 覆土后管理

覆土后的 3 天内，保持菇房空气湿度在 85% ~ 90%，即土壤呈湿润状态。此后，应适当加大通风量，促使菌丝向土壤中生长。

● 诱导出菇

覆土 12 天后，在土粒间可见菌丝时喷水，喷水量以土层湿透而不漏入培养料内为宜。当形成黄豆粒大小的菇蕾后，及时喷水，保持土壤呈湿润状态，满足子实体生长的水分。

●生长管理

首次出菇后，将菇房内温度控制在14~18℃，空气湿度控制在90%左右。采收后要修补土层，补足水分，诱导下一波出菇（图12-20）。

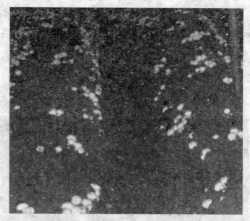

图12-20 采 菇

附　录

部分生殖激素名称（中英文对照）

GnRH（gonadotrophin releasing hurmone）　　促性腺激素释放激素

FSH（follicular stimulating hormone）　　促卵泡素

LH（luteinizing hormone）　　促黄体素

PG（prostaglandin）　　前列腺素

PRL（prolactin）　　催乳素

OXT（oxytocin）　　催产素

RLX（relaxin）　　松弛素

参 考 文 献

陈默君，贾慎修.2002.中国饲用植物志 ［M］.北京：科学出版社.

陈幼春.1999.现代肉牛生产 ［M］.北京：中国农业出版社.

蒋洪茂.2008.无公害肉牛安全生产手册 ［M］.北京：中国农业出版社.

李建国，曹玉凤.2003.肉牛标准化生产技术 ［M］.北京：中国农业大学出版社.

孟庆翔.2004.肉牛生产与经营决策 ［M］.4 版.北京：中国农业出版社.

莫放.2003.养牛生产学 ［M］.北京：中国农业出版社.

沈益新，董宽虎.2006.饲草生产学 ［M］.北京：中国农业出版社.

王根林.2006.养牛学 ［M］.2 版.北京：中国农业出版社.

杨利国.2003.动物繁殖学 ［M］.北京：中国农业出版社.

钟孟淮.2009.动物繁殖与改良 ［M］.2 版.北京：中国农业出版社.

左福元，徐恢仲.2006.南方肉牛生产技术 ［M］.贵阳：贵州人民出版社.

左福元.2006.无公害肉牛标准化生产 ［M］.北京：中国农业出版社.